40款造型经典的
帆布包

〔日〕吉本典子 著
罗蓓 译

河南科学技术出版社
· 郑州 ·

前言

　　濑户内海刮来令人心旷神怡的海风，被绿色的大自然包裹着，我过着安稳的生活，同时做着各种各样的包包。这本书介绍了41款作品，其中有我经常做的东西，也有新作。每一件都是我想呈现给大家的，而且都是我喜欢的。为了能够适用于日常的各种场合，我在制作和设计上都下足了功夫。

　　帆布结实耐用，是非常适合做包包的材料。因其有厚度和硬度，容易被认为难以剪裁，给人感觉不方便制作包包，但是如果掌握了窍门，使用家用缝纫机也可以享受到制作包包的快乐。在难易程度上，从短时间内就能完成的作品到复杂的作品都有，在设计上也是各式各样。如果在本书中找到了你喜欢的作品，请以轻松的心情开始动手制作吧。如果你为自己，或者为他人动手制作，因而度过了幸福的时光，我会非常高兴的。

目录

这几款托特包都是用1片布缝制的，非常简洁。亮点是把接缝放到了中央，再进行机缝，更加结实。因为侧片很宽，所以包包看起来比较小，但是收纳功能超强。

有挡布作为遮挡。挡布固定在口布上，所以不用担心里面的东西会丢失。不使用时，可以把它铺在包底。

S 号的包有 D 形环，所以安上包带就可以作为单肩包使用。包带是可以拆卸下来的，可以根据实际情况区分使用。

a　　　　　　　　　　　　　b

该托特包横向较长，非常适用于短期出行。如果在里面放入布袋，就可以把包内的物品遮挡住了。

3 票据包
制作方法 → p.53

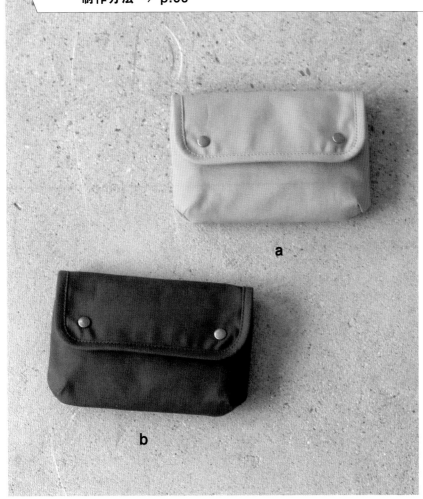

这款小包可以与p.8让人愉悦的托特包配套使用。因为有口袋,所以可以装银行卡,还可以作为钱包、票据包等使用,用途很多。

因为用的是四合扣,所以关闭只需按一下。内侧还有装卡的隔袋。

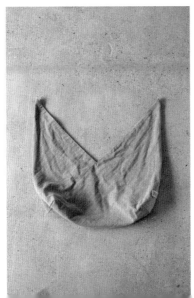

包里面还有防止裂开的四合扣。布袋可以拆下来清洗。

4　8号托特包

制作方法 → p.42、p.54

因为是用8号帆布做的，所以称作"8号托特包"。为了让男士也可以使用，在设计上做到尽可能简洁，而且功能强大。这款包因为结实、收纳能力超强，所以上班、休闲用它都非常方便。右侧为M号、左侧为L号。

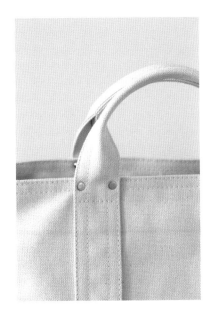
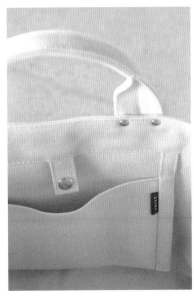

左：提手为了起到加固作用安了铆钉。右：为了防止内口袋裂开安了四合扣。制作方法同 p.8 让人愉悦的托特包、p.12 的 8 号女士托特包。

该款托特包是突出了帆布魅力的经典包。设计上属于中性，所以不论男女都能使用。图中作品的尺寸是 L 号。

该包包是p.10的8号托特包的变形。把提手稍微变窄一点，再把浅咖色和原白色进行搭配，完成后少女感十足。基本制作方法与8号托特包相同。

6 小花束

制作方法 → p.55

小花束给简洁的帆布包增添了华丽感。亚麻给人感觉自然，使包包更加好看。如果胸针使用带夹子的，别上、取下也就更方便了。

7 蛋形包

制作方法 → p.56

 a
 b
 c

 d
 e
 f

 g
 h

a、d：布带横着固定，就成了蛋形。b：松开布带，就成了这个形状。c：安上肩带，就变身为单肩包。e：有钥匙挂钩，所以不用担心在包里找不到钥匙。f：有防止打开的四合扣、内口袋，设计时注重了功能性。g：水玉图案可以根据自己的喜好用模板画图填色。h：条纹图案可以用原白色和黑色的布进行拼接。

该包是蛋形的，圆鼓鼓的样子非常可爱，因为耳布和布带的系法不同，所以可以当两个不同形状的包包使用，还可以作为单肩包使用，是非常好用的包包。包身可以使用模板填色，或者拼接，还可以改变提手的颜色，请享受自己设计带来的快乐吧。

15

a

b

c

在设计上，提手和包体是一体的，非常独特。把纵向、横向的长度进行改变，做成了3个
形状的包包。根据手边的便当盒，试着做一个尺寸合适的便当包吧。

9 单提手背包和小包

制作方法 → p.60、p.69

这款背包使用了8号帆布，该帆布经过了做旧加工，给人一种粗糙的感觉。里布搭配的是
条纹牛仔布，给人轻松感。用剩余的布可以做与之配套使用的小包。

该布袋是用帆布做的。从正面看有点像汉字的"八"字，折叠起来会变成八角形，所以起了这个名字。如果布料太厚，提手部分翻到正面会比较困难，所以建议使用较柔软的11号帆布。左边是M号，右边是L号。

图中作品的尺寸是 L 号。为了可以背在肩上，把 M 号、L 号的提手都变长了。非常适合搭配牛仔等休闲的服装。

左：两侧有内口袋，即便把包包背在肩上也可以很方便地把袋里的钥匙、手机等物品取出来。右：折叠起来非常小巧，所以可以作为带在身边的手拎袋使用。包带上的皮环是可以拆卸下来的。

a

b

c

海洋风托特包的粗条纹给人印象深刻。配色布可以选择浅灰色、深棕色、黑色等，选择有
品位的颜色搭配，风格成熟稳重这是关键点。

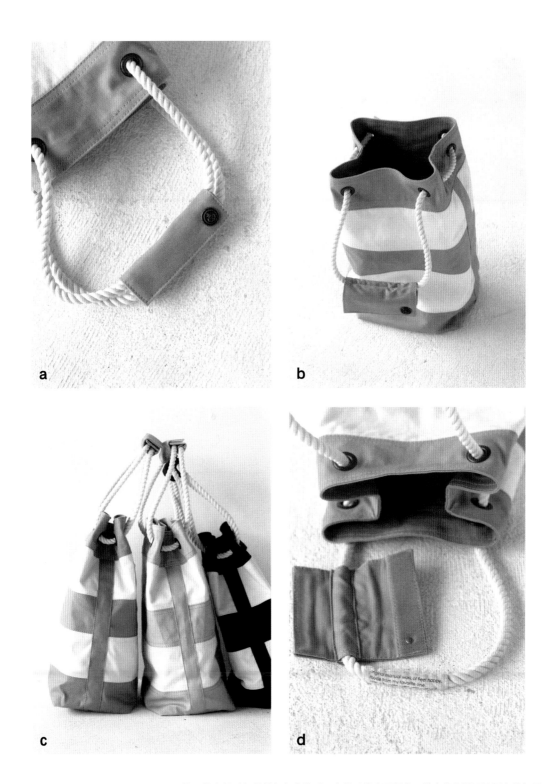

a：为了防止长时间提着包包会勒手，在提手处安了绳套。随意地点缀了锚图案的扣子，成为亮点。

b：绳子穿过气眼孔，是束口袋型的包包。c：为了不露出侧面的缝线，用侧边挡布进行了遮挡。在设计上注重细节，非常考究。d：把绳子的端口牢固地缝合之后，涂上黏合剂再用布包住，也就是说把接口固定好之后再藏进绳套中。

12 圆底托特包和小包

制作方法 → p.66、p.68

a

托特包的侧面有口袋，因为给它打了褶子，所以口袋是立体的，包包整体给人稳重的感觉。褶子用铆钉进行了固定。

这款托特包两侧都有口袋，包底是圆形的。皮革的握柄起到了收拢包体的作用。如果想拥有一个与之配套的小包，可以用剩下的布料制作一个。

b

袋口安着方便闭合的双头拉链。内口袋有隔层，可以收纳笔记本、手机等，非常方便。

使用手感较好、经过了做旧处理的11号帆布，制作了这款大尺寸的背包。在附近散步可以用它，外出旅行用它也很适合。

包的内侧隔成 3 个部分，可以装长款钱包、手机等，非常方便。正中间的口袋做得较浅，非常适合装需要立刻拿取的物品，比如钥匙等。

这款包有两种使用方法：手拎或者斜背。经过打蜡处理的10号帆布，越使用越有味道，会越用越喜欢。

a

b

c

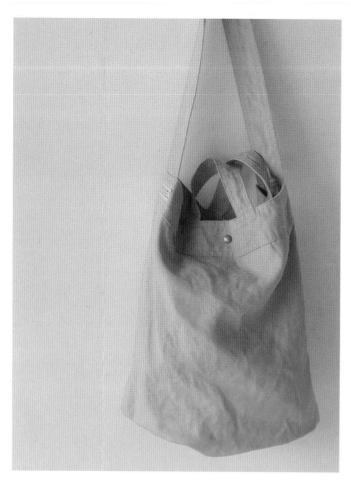 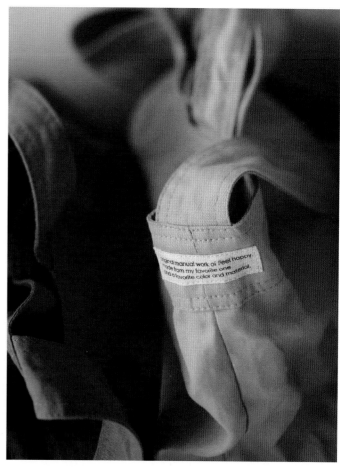

这款麻质购物袋结实、轻便，非常适合外出购物使用。做好后经过清洗，更加有质感。有提手和肩带，是非常方便的两用包。

a   b   c   d   e

16 双肩包
制作方法 → p.74

外侧有 3 个口袋，内侧有 1 个。侧口袋可以装矿泉水瓶和折叠伞。肩带和束口绳都是使用包体布制作的。

这款双肩包不仅适合户外，平时背着也非常适合。在设计上，选用橄榄绿色帆布，有点像军人用包，给人男性化的感觉。

这款迷你托特包用1片布制作，很轻松就能做出来。只需用人字纹包边条包住就可以了，缝份的处理非常简单。如果使用经过打蜡处理的帆布制作，完成后就会有不同的感觉，很独特。

a

b

拉链是便于闭合的双头拉链。提手用口字环连接，这是设计的亮点。包底稍微宽大，包形是梯形的。

这款波士顿包包体长，有时尚感。关于尺寸，刚好可以装入与A4纸一样大小的书，上班、休闲都可以使用。布料使用的是比11号帆布稍微薄一点的79A帆布。

关于本书中使用的帆布

帆布其实有很多种类。厚度不同，经过特殊处理使帆布具有了独特的质感，不同的风格。即使编号相同，由于生产厂家不同，布料的厚度、幅宽也会有所不同，颜色也会有所差异，所以请参考本书，找到你喜欢的帆布。

＊布料介绍包括品牌、名称、销售店铺等。

A 8号帆布（仓敷帆布）

是较厚、结实的帆布。从原材料的线、生产到成品，都非常注重质量，是用现在很少见的梭子织布机织成的，拥有一级帆布的质感。不是不可以用家用缝纫机来缝制，而是因为它有一定厚度，所以这种材料比较适合有高级缝纫机使用水平的人员使用。共有100种颜色。布料的幅宽约90cm。 →适用于**4**、**5**号作品

B 11号帆布 55号色（布的销售：L'idée 妙想）

因为是较薄的帆布，所以使用家用缝纫机也能顺利缝制。因为事先进行了薄的糨化处理，所以布料硬挺，入针顺滑。11号帆布颜色种类丰富，从中间色，到像柑橘类亮丽的颜色，颜色数量非常丰富，共有55种颜色。布料的幅宽约110cm。 →适用于**11**号作品

C 经过一次清洗处理的麻质帆布（fabric bird:中商事）

布料为厚实的100%麻质帆布。布料的颜色看起来比一般的帆布要白，手感柔软。用药品进行了一次清洗处理，所以生出似似牛仔布那样的独特的褶皱感，给人自然的感觉。共有7色。布料的幅宽约112cm。 →适用于**15**号作品

D 11号帆布（fabric bird:中商事）

为稍微有点薄、柔软的帆布。使用家用缝纫机也能顺利缝制，所以建议新手使用。经过处理有像柑橘类亮丽的颜色，也有给人稳重感觉的土黄色，还有柔和的中间色等，共有18种颜色。布料幅宽约110cm。 →适用于**2**、**3**、**7**号作品

E 经过酵素清洗处理的8号帆布 type-A（布的销售：L'idée 妙想）

8号帆布经过了做旧处理。粗糙感和柔软感并存，有独特的褶皱和凹凸感，像自己用惯了的物品。以中间色为中心，具有其他布料不具备的颜色变化。共有22种颜色。布料幅宽约90cm。 →适用于**9**号作品

F 11号帆布（仓敷帆布）

该布料是较薄的帆布。从原材料的线、生产到成品，都非常注重质量，是用现在很少见的梭子织布机织成的，拥有一级帆布的质感。用家用缝纫机也能顺利地缝制，建议新手使用。共有20种颜色。布料幅宽约90cm。 →适用于**1**号作品

G 经过酵素清洗处理的8号帆布（仓敷帆布）

所谓"酵素清洗处理"，就是使用酵素把纤维软化的处理方法。特点是：具有柔软的手感和似做旧牛仔布的陈旧感，而且有独特的凹凸感。较厚，适合有中级、高级缝纫机使用水平的人员使用。共有10种颜色。布料幅宽约88cm。 →适用于**16**号作品

H 经过做旧处理的11号帆布 古典色（布料的森林）

该布料没有使用任何上浆、打蜡、防水处理，最大可能地使布料具有天然材料的质感。古典色共有19种颜色。另外还有5种明快的颜色和3种中间色。布料幅宽约108cm。 →适用于**10**、**13**号作品

I 颜色鲜艳的帆布（清原）

像抹在画板上的颜料，颜色鲜艳、富有变化。11号帆布是即便是新手也能把控的材料，用家用缝纫机也能顺利地缝制。有适度的弹力和厚度，最适宜用于背包、小包等小物的制作。共有31种颜色。布料幅宽约110cm。 →适用于**8**号、**12**号作品

J 经过打蜡处理的10号帆布（布的销售：L'idée 妙想）

比11号帆布密实，经过了打蜡（paraffin）处理。有独特的弹力，越使用越有味道。还有防水效果。因为有一定厚度，所以用家用缝纫机缝制时，需要慢点操作。适合有中级、高级缝纫机使用水平的人员使用。共有21种颜色。布料幅宽约112cm。 →适用于**14**号、**17**号作品

K 经过打蜡处理的79A帆布（布的销售：L'idée 妙想）

79号布料较厚，线比11号帆布细，进行了打蜡处理。有独特的弹力和质感，用家用缝纫机也能顺利地缝制。色调沉稳，颜色富有变化，有时尚感。共有10种颜色。布料幅宽约110cm。 →适用于**18**号作品

制作前需要知道的
帆布基础知识

8号帆布

有适度的厚度，制作规范。可以使用家用缝纫机进行缝制，但是在缝制2片以上布料的重叠部分时，比如缝份等，推送时需要用较慢的速度。

11号帆布

在帆布中最薄，其厚度使用家用缝纫机也能自如进行缝制。与8号帆布相比，更容易操作，建议新手使用。

● 帆布的种类

帆布是指用棉线或者麻线织成的较厚、结实的平纹布。在起源上，它是作为船帆的布料而进行生产的。根据布料的厚度种类分为1～11号，1号最厚，数字越大厚度越薄。种类也非常丰富，除了有基础的棉质帆布，还有麻质帆布、纯色帆布、印花帆布、经过酵素清洗处理的帆布、经过做旧处理的帆布等。本书中使用的帆布在p.36做了介绍，请大家一并阅读。

● 帆布的厚度
帆布既厚实又结实，但是层数越多就越难缝。请大家试着比较一下11号帆布和8号帆布的厚度。

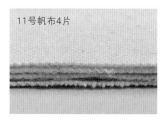

11号帆布4片

这个厚度即便是家用缝纫机也能缝制，不吃力。

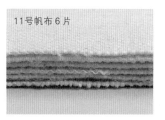

11号帆布6片

这个厚度慢慢地推送，即便是家用缝纫机也能自如地缝制。

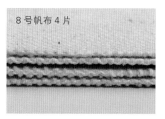

8号帆布4片

家用缝纫机也能缝制，但是需要慢慢地进针。

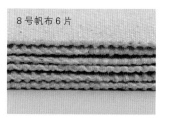

8号帆布6片

使用家用缝纫机缝制时需要小心。针不前进时，需要用锥子送布，或者用手转动皮带轮，慢慢地缝制。

为了完成效果更好

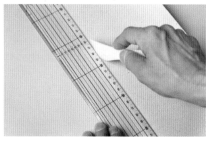

折叠缝份时，用尺子和骨笔在完成线上做标记。加上这道工序，完成效果会更好，形状齐整。

把折叠的缝份用骨笔的侧面按压，使折痕更明显。这样做不仅容易缝，轮廓也更加清晰，完成效果好。

当布料很厚、不好缝时……

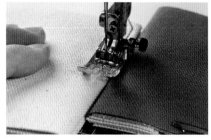

当布料很厚、不好缝时，尝试把其他的布折叠，使它与要缝的布厚度相同，然后一同压在压脚下面。这样，压脚就比较稳定，能够顺利地进行缝制了。

防止布边脱线

当发现布边脱线时，就涂防脱线的防脱液吧（本书为了不让缝份处于毛边状态，在缝制上下足了功夫）。

保存方法

帆布容易留下折痕，即便熨烫也不容易去掉。所以保管时，建议不要折叠，卷成筒状放置。

配件的安装方法

四合扣

子扣（凸）　长钉　扣面　母扣（凹）

帆布有厚度，所以不能使用手缝类的按扣。
因为扣上、解开时会增加扣子的负担，所以建议使用金属制作的四合扣。

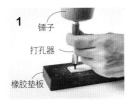

1
锤子
打孔器
橡胶垫板

在要打孔的位置做上记号，使用打孔器和锤子开孔（孔的大小要根据四合扣的尺寸来定）。把打孔器垂直对着布，用锤子垂直砸下去。

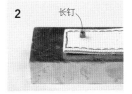

2 长钉

把长钉穿过步骤 **1** 的孔，放在敲打台上。

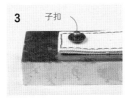

3 子扣

把子扣套上。

4

把冲子放在步骤 **3** 的子扣上，确认冲子的方向与敲打台垂直。锤子垂直砸下去，把子扣紧紧地固定住。

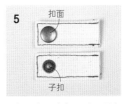

5 扣面

子扣

子扣已经固定好了（下图）。给另外一片布开孔，把扣面穿过孔，用同样的方法安母扣。

铆钉

铆钉脚　铆钉头

它是加固包包提手、口袋等的金属扣，也是设计的亮点。
颜色、尺寸有很多种类，根据要做的包包来进行选择吧。

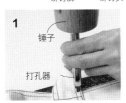

1
锤子
打孔器

在要打孔的位置做上记号，使用打孔器和锤子开孔（孔的大小要根据铆钉的尺寸来定）。把打孔器垂直对着布，用锤子垂直砸下去。

2 插入铆钉脚 （正面）

从背面插入铆钉脚。

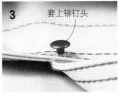

3 套上铆钉头

再套上铆钉头，轻轻地压上。

4 锤子
冲子
敲打台

把步骤 **3** 的铆钉头放在配套的敲打台上，确认冲子与敲打台垂直后，再把锤子垂直砸下去。

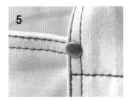

5

铆钉安好了。如果布料是容易受损的材质，在步骤 **4** 砸铆钉头时，请垫上衬布。

气眼

气眼座　气眼脚

穿提手或者绳子时需要打孔，它是给孔起到保护、加固作用的金属工具。
有很多尺寸，根据包包的尺寸来进行选择吧。

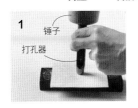

1 锤子
打孔器

在要打孔的位置做上记号，使用打孔器和锤子开孔（孔的大小要根据气眼的尺寸来定）。把打孔器垂直对着布，用锤子垂直砸下去。

2 气眼脚

（反面）

在步骤 **1** 打好的孔上，从布的正面穿入气眼脚。当布有一定厚度时，用锥子把布压住，完成效果会更好。

3 气眼座

（反面）

在步骤 **2** 的气眼脚上放上气眼座。

4

用气眼专用的冲子对着步骤 **3** 的气眼座以垂直方向对齐，用锤子垂直砸下去。

5

（正面）

气眼就装好了。

制作包包需要的工具和材料

从基本工具到做包包的专用工具，在这里为你介绍方便好用的。根据需要一点
一点去准备吧。

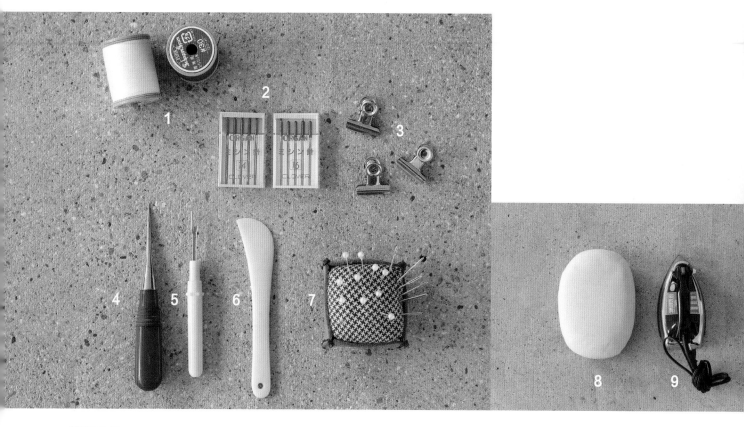

● 缝纫工具

1 机缝线

根据布的厚度进行划分。本书中所有作品使用的是厚布用的30号线。可选择与布料颜色相同的线。

2 机缝针

号数越小针就越细。本书使用的是厚布用的14号和16号（可以缝的厚度，根据缝纫机的功能会有所不同）。

3 夹子

帆布结实、很厚，会出现即便是珠针也难以扎入的情况。所以，如果备有办公用的带孔夹子或者工具夹，就非常方便。

4 锥子

把缝线拆开，把拐角弄整齐时使用。缝纫机的针难以前进时，如果用锥子送布，缝的过程就会变得顺利。

5 拆线器

用于把缝线拆开。把尖端插入线中，用U字形的部分来割断。需要注意的是，不要把布也一起割开了。

6 骨笔

在布上做标记，或者做折痕时使用。倒缝份、劈开缝份时，如果不怕麻烦，用它来操作，完成效果会更好。

7 珠针、手缝针

珠针用于把2片布临时固定在一起，也可作为标记，固定在止缝点等处。手缝针在处理布边时使用，有它非常方便。

● 定型工具

8 烫包

如果想使有立体感的部分完成效果更漂亮，需要用它作为熨烫台。有各种各样的形状和尺寸，根据用途进行选择吧。

9 熨斗

劈开缝份、倒缝份等整理缝份时，需要用它。每完成一道工序就熨烫一下，完成效果会更好。

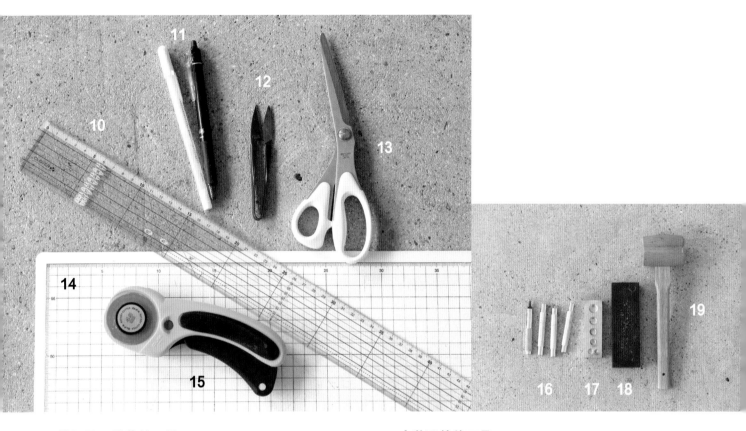

● 做记号、裁剪的工具

10 直尺

给布直接做标记或者量尺寸，裁布时使用。画精确的线时也可使用，因为有精确的刻度，所以非常方便。

11 水消笔

给布画线、做标记时使用。为了给颜色深的布做标记，再准备上白色的水消笔就更方便了。

12 剪线剪刀

在处理线的时候有它就很方便。线剪或者刺绣专用剪刀等，像这样小型的剪刀还是请准备一把吧。

13 裁布剪刀

用于裁布。如果用它剪纸张或者硬的东西，会伤到刀刃，所以请注意，不要用它剪布以外的东西。

14 切割垫

用轮刀裁布时使用。如果准备的是标有尺寸格子的垫子，裁剪就会更准确。

15 轮刀

裁布时有它会更方便。只需沿着尺子滚动轮刀，就能快速、准确地裁布了。也请把替换的刀片一并准备好。

● 安装配件的工具

16 冲子

给布打孔，敲打固定工具时使用。有各种不同的种类和尺寸，所以准备一套比较方便。

17 敲打台

固定铆钉或者四合扣等这类固定工具时使用。每个尺寸都有不同的凹槽，所以不容易发生偏离，需要注意不要使它受到损坏。

18 橡胶垫板

给布打孔时使用。用较硬的橡胶做的，有弹力，所以可以防止布扭动，防止伤到工具的刀刃。

19 锤子

敲打固定工具时使用。除了木制的，制作材料还有橡胶、金属等，但是金属的锤子容易伤到工具，而且也重，所以不建议使用。

试着做一款让人愉悦的托特包吧

如果是第一次做帆布包的朋友，请先使用11号帆布，做一款让人愉悦的托特包吧。

提手和布耳的制作方法都是相通的，在制作这款包时，把要点记住。熟悉了帆布的处理方法，就请务必挑战一下8号托特包和8号女士托特包吧！

布袋的制作方法见p.52

〈 裁剪方法图 〉＊( )中的数字是缝份的尺寸，没有指定的为1.5cm

·11号帆布

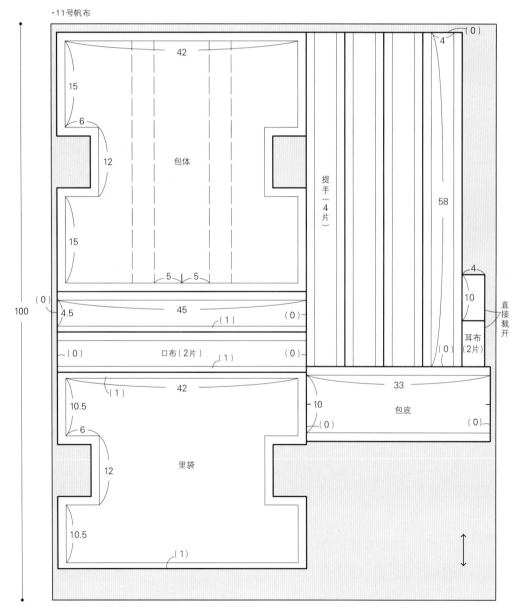

42

15

6

12

包体

15

5 5

(0)

4.5

45

(1)

(0)

(0)

口布（2片）

(1)

(0)

42

(1)

10.5

6

12

里袋

10.5

(1)

100

80

提手
（4片）

(0)

4

58

(0)

33

10

包底

(0)

(0)

4

10

耳布
（2片）

(0)

直接裁开

● 完成尺寸

约长30cm×高15cm×宽12cm

● 材料

a：11号帆布 蛋黄色（12）
　　80cm×100cm

b：11号帆布 军绿色（42）
　　80cm×100cm

通用：直径1.2cm的四合扣　1组
　　　直径0.9cm的铆钉　8个

＊为了清楚展示制作步骤，图中换了颜色对比明显的布和线

● 准备

裁掉布边

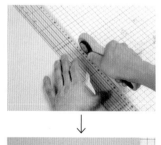

↓

使用尺子和轮刀把布边裁掉。把布的边缘与轮刀垫的格子对齐，确认一下布边是否有歪斜。

※制作图中未标明单位的尺寸均以厘米（cm）为单位

1 画线、裁布

1

参照裁剪方法图，在布的反面加上缝份后画线。为了尽可能节约布，各部分布片之间不要留有空隙。

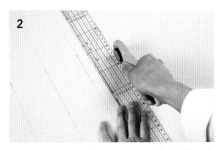

2

把各部分裁开。直线部分使用轮刀进行操作，速度又快效果又好。

3

侧片用裁布剪刀裁开。

2 折叠各部分的缝份

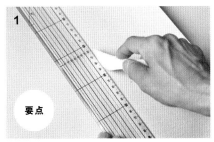

1

要点

在完成线上放上尺子，使用骨笔做上标记。用尺子的刻度与缝份的宽度对齐后，再做标记，这样做会感觉很轻松。

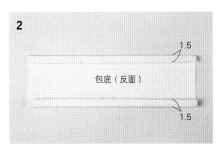

2

包底（反面）

1.5

1.5

折叠包底的缝份。

3

要点

使用骨笔的侧面，在缝份的折痕上使劲地刮过，让折痕更加明显。步骤 **1** 和步骤 **3** 对于所有部分缝份的处理都适用。

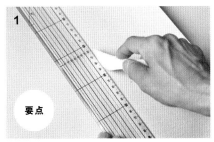

4

提手（正面）

1.5

1.5

折叠提手的缝份。制作 4 片这样的提手。

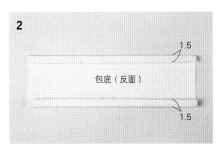

5

分别把 2 片提手背面相对对齐，用夹子夹住。这时，确认一下与完成尺寸的宽度是否相同。

6

口布（反面）

1.5

口布部分只需要把袋口的缝份折叠。制作 2 片这样的口布。

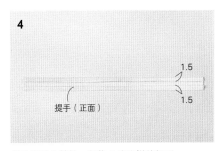

7

耳布（反面）

（正面）

1

1

折叠耳布的缝份，使布边在中央处相对，制作 2 片这样的耳布。

8

把步骤 **7** 的布背面相对对折，在折叠处用夹子固定。

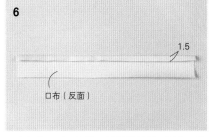

9

1.5

1.5

包体（反面）

包体（反面）

1.5

折叠包体袋口的缝份。

3 制作提手

 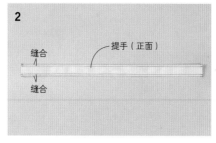 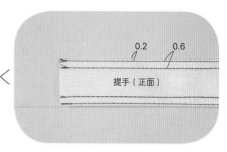

在距布边 0.2cm 的位置机缝。不要忘记在起缝点和止缝点做回针缝。另一侧的布边也用同样方法机缝。

在步骤 **1** 缝线内侧再机缝一次。制作 2 根这样的提手。

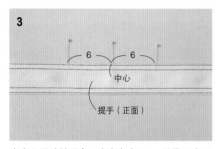  

在中心用珠针固定，在它左右 6cm 的位置也用珠针固定。在布的其余部分全部都用珠针把 2 片布固定住，不要有遗漏。

把步骤 **3** 的布对折，用夹子固定。

在步骤 **1** 的针脚上点到点再缝一次。为了使针脚相同，要在步骤 **4** 中要缝的地方的一侧起缝点的位置落针。

  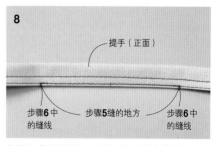

针落下后，抬起压脚，把提手向右转动 90°。回针缝缝 3 针，在布边处进行机缝。

针回到缝线上起缝点的位置，保持插入的状态把提手推至原来的方向。继续机缝，在步骤 **4** 中要缝的地方另一侧止缝点的位置回针缝缝 3 针。

机缝完成后的样子。起缝点和止缝点的线要留长一些，然后用手缝针处理线头。制作 2 根这样的提手。

4 给包体缝上提手和包底

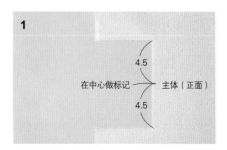  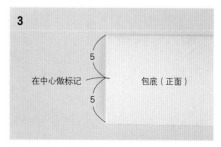

在包体侧片的中心做标记。

在安提手内侧的位置轻轻地画上线。离袋口中心左右 5cm 的位置画上标记，把标记连接起来，线就不会发生错位。

在包底的中心做标记。

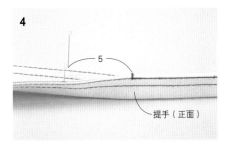

4

在 p.44"制作提手"步骤 **6** 中的缝线外侧 5cm 处，用珠针固定，做上标记。

5

在主体安提手的位置叠放步骤 **4** 的布，用夹子固定。

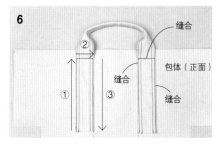

6

从包底按照①~③的顺序，在缝线上用相同的针脚缝合。在拐角处各回针缝缝 1 针。

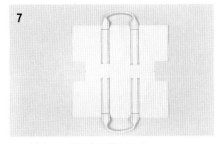

7

另一侧也用同样的方法缝上提手。

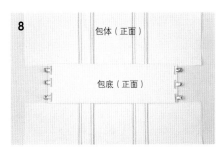

8

包体上叠放包底，中心对齐后，用夹子固定两端。

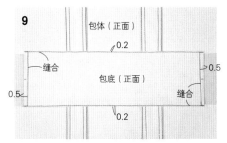

9

把包底缝在包体上。长的一边从距布边 0.2cm 处、侧片从距布边 1cm 处内侧的地方缝合，要时常做回针缝。

5 把侧边和侧片进行缝合

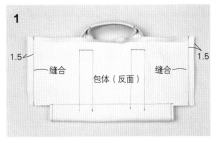

1

把包体正面相对对折，缝合侧边。

2

把缝份劈开，用骨笔刮一遍，使其平整。

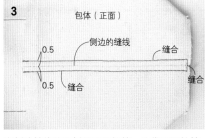

3

在侧边缝线的两侧从正面机缝。从袋口开始缝，持续缝成コ字形。

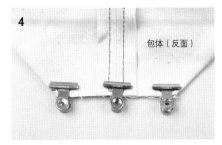

4

把侧边缝线与中心的标记对齐，正面相对折叠侧片。

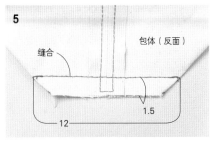

5

在离布边 1.5cm 内侧处，进行缝合（为了使侧片宽度为 1.2cm，需要调整缝份的尺寸）。

6

另一侧的侧片也用同样的方法缝制。

6 制作耳布

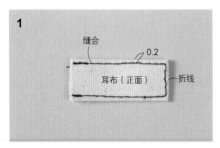

经过 p.43 步骤 **8** 处理后，机缝耳布。布很厚，所以机缝时速度要慢。制作 2 片这样的耳布。

在折叠一端的布边 1cm 处内侧做标记，参照 p.39 安上四合扣。

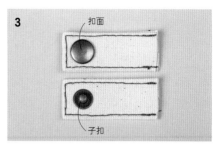

一片安上母扣(凹)和扣面，另一片安上子扣(凸)和长钉。

7 缝口布

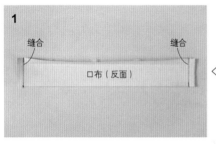

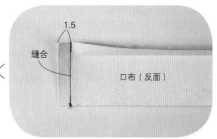

按照 p.43 "折叠各部分的缝份"步骤 **6** 处理后，把它的缝份劈开，把 2 片布正面相对对齐，缝合侧边。

劈开缝份，用骨笔刮平整。

8 制作里袋

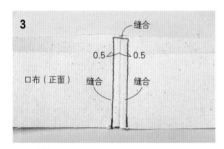

从侧边缝线两侧的正面机缝。从袋口的另一侧开始缝，持续缝成コ字形。

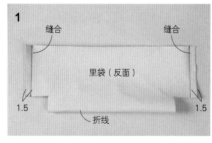

把里袋正面相对对折，缝合侧边。

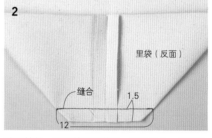

劈开缝份，用骨笔刮平整后，折叠侧片，与制作包体相同，从布边内侧 1.5cm 处缝合。另一侧的侧片也用同样方法缝合。

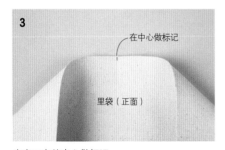

在安口布的中心做标记。

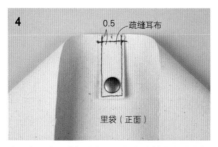

在耳布的中心也标上标记，把它疏缝在布边内侧 0.5cm 处。此时，需要注意四合扣母扣和子扣的朝向。

在侧边缝线上离布边 1cm 处，用珠针固定。另一侧也一样。

6

把里袋和口布正面相对对齐，把两侧的缝线对齐后用夹子固定。

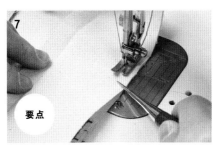

7

要点

把里袋和口布进行缝合（缝份为1cm）。布在缝制过程中出现错位、松弛时，使用锥子一边送布一边缝，就可以解决这些问题。

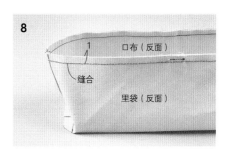

8

口布（反面）

1

缝合

里袋（反面）

缝合1圈后的样子。

9　缝合包体和里袋

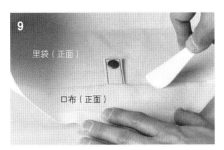

9

里袋（正面）

口布（正面）

把口布翻到正面（缝份倒向口布），从正面用骨笔把口布刮平。

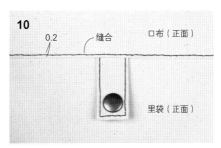

10

0.2　　缝合　　口布（正面）

里袋（正面）

把口布机缝1圈。缝的时候，把起缝点和止缝点的位置放在侧边，完成后会更漂亮。

1

包体（反面）

把包体和里袋的包底部分对齐，用夹子把侧片固定。

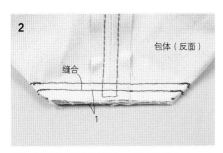

2

包体（反面）

缝合

1

把包体和里袋的侧片缝在一起（缝份为1cm）。另一侧也用同样的方法进行缝合。

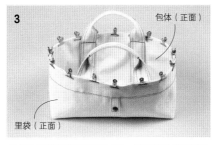

3

包体（正面）

里袋（正面）

把包体和里袋背面相对对齐，把两侧的缝线对齐后用夹子固定。

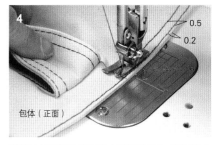

4

0.5

0.2

包体（正面）

把袋口从正面机缝2圈（避开提手）。把起缝点和止缝点的位置放在侧边，完成后会更加漂亮。

10　安铆钉

1

翻到正面，整理好形状。用锥子把侧片的角的部分挑出来。

2

参照 p.39 用铆钉把提手固定住。这时，如果在提手和袋口缝线的交叉位置用铆钉固定住，完成后会更加漂亮。

＼ **完成！** ／

制作方法

● 制作方法的说明中，没有特别指出的数字单位都为厘米（cm）。

● 裁布前，请先确认裁剪方法图，加上指定的缝份后再进行裁剪。

● 有些作品一部分或者有弧度的部分等需要实物大纸型。需要将图案复印或者描在硫酸纸等透明的纸上，做成纸型。

● 材料的尺寸以宽 × 长的顺序进行标注。

● 材料的尺寸只是个大致标准。有时需要根据使用材料的幅宽来变更尺寸，需要注意。

● 作品的完成尺寸标注在制图尺寸上了。由于缝制方法、布的厚度以及帆布的种类不同，有可能会导致完成尺寸发生变化。

● 在缝制的过程中，布会发生错位、缩小，导致尺寸变小。那时，需要确认尺寸，重新画完成线，以防失败。

● 在没有特别指出的情况下，起缝和止缝时请务必做回针缝。

● 本书中的作品在缝制时，大部分针脚为3.3mm。请根据布的厚度和所用材料等，调整针脚的长度。

● 本书中，缝合圆底等有弧度的部分时，不用剪牙口直接进行缝合。遇到难缝的情况，请用锥子一边送布一边慢慢地往前缝，或者用手转动轮车一针一针往前缝。另外，翻到正面时，把缝份劈开用熨斗或者骨笔整理平整，完成后会更加漂亮。

● 用帆布制作的包，有的清洗后会发生变形、尺寸缩小。另外，经过特殊处理的包，水洗后，手感会变差，所以不能洗的包不用过水，用熨斗轻轻地整形后就使用吧。

● 制作时，也请参照p.38 ~ p.41的内容，以及让人愉悦的托特包的制作方法（p.42 ~ p.47）。

蛋形包（p.14）的实物大纸型

＊制作方法在p.56
＊请参照位于制作方法页面上的裁剪方法图（纸型为包含缝份的尺寸）

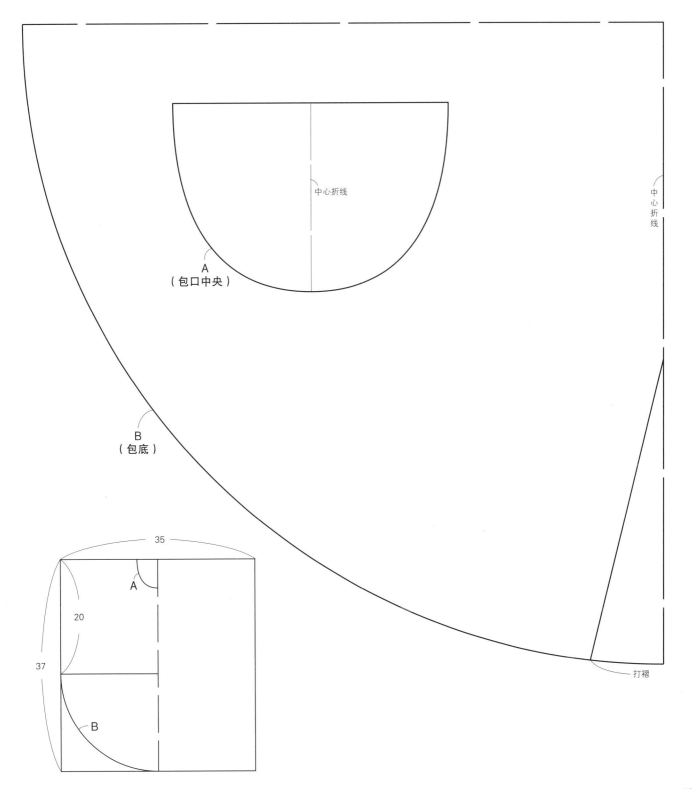

A
（包口中央）

中心折线

中心折线

B
（包底）

35

A

20

37

B

打褶

p.6

1

托特包

● 完成尺寸

L号…长23cm×高22cm×宽19cm

M号…长21cm×高18cm×宽15cm

S号…长17cm×高15cm×宽13cm

● 材料

L号…11号帆布　深红色（65）　80cm×100cm

M号…11号帆布　青蓝色（70）　70cm×90cm

S号…11号帆布　灰色（61）　70cm×130cm

通用：

自己喜欢的标签　1片

S号：

内径1.1cm的D形环　2个

内径1.5cm的龙虾扣　2个

内径1.5cm的日字扣　1个

● 制作方法要点

1 制作提手、D形环耳布（仅S号）、口布。

2 把挡布对折，给3个边机缝。

3 把包体正面相对对齐缝合侧边，处理好缝份后缝合侧片。

4 把提手和D形环耳布疏缝在包体上。

5 再与口布正面相对对齐，缝合袋口。

6 挡布疏缝在步骤5的口布上。

7 把口布翻到正面，机缝袋口。

8 制作肩带（仅S号）。

〈 裁 剪 方 法 图 〉 ＊（　）内的数字是缝份尺寸，没有指定的缝份为1.5cm，肩带、D形环耳布、提手都是直接裁开
＊只有S号要加肩带和D形环

・L号 11号帆布 深红色

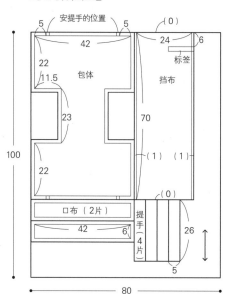

・M号 11号帆布 青蓝色

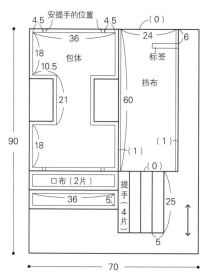

・S号 11号帆布 灰色

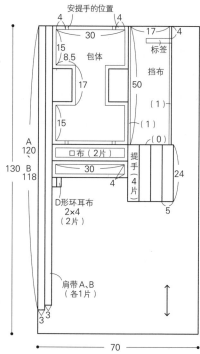

1 制作各部分

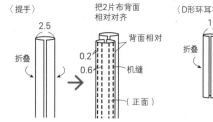

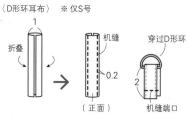

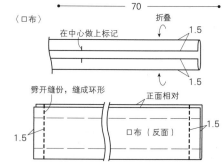

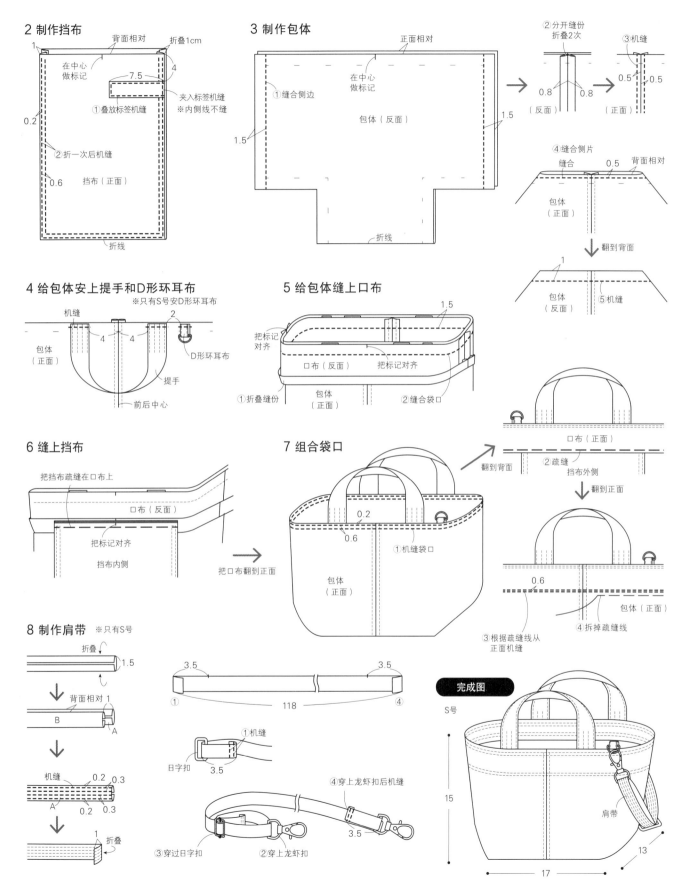

2 制作挡布

背面相对　折叠1cm

在中心做标记

7.5

夹入标签机缝
①叠放标签机缝
※内侧线不缝

4

0.2

②折一次后机缝

0.6

挡布（正面）

折线

3 制作包体

正面相对

在中心做标记

①缝合侧边

包体（反面）

1.5

1.5

②分开缝份
折叠2次

③机缝

0.8　0.8

（反面）

0.5　0.5

（正面）

④缝合侧片

缝合　0.5　背面相对

包体（正面）

翻到背面

1

包体（反面）

⑤机缝

4 给包体安上提手和D形环耳布

※只有S号安D形环耳布

机缝

包体（正面）

4　4

2

D形环耳布

提手

前后中心

5 给包体缝上口布

1.5

把标记对齐

口布（反面）　把标记对齐

①折叠缝份　包体（正面）

②缝合袋口

6 缝上挡布

把挡布疏缝在口布上

口布（反面）

把标记对齐

挡布内侧

把口布翻到正面

7 组合袋口

0.2

0.6

①机缝袋口

包体（正面）

口布（正面）

翻到背面

②疏缝　挡布外侧

翻到正面

0.6

包体（正面）

③根据疏缝线从正面机缝

④拆掉疏缝线

8 制作肩带　※只有S号

折叠

1.5

背面相对　1

B

A

机缝

0.2　0.3

A

0.2　0.3

1

折叠

3.5　3.5

①　118　④

①机缝

日字扣　3.5

④穿上龙虾扣后机缝

3.5

③穿过日字扣　②穿上龙虾扣

完成图

S号

15

肩带

13

17

51

让人愉悦的托特包里面的布袋

p.8

● **完成尺寸**
各约长38cm×高44cm×宽12cm

● **材料**
棉麻细条纹布
a 藏青色（2）、**b** 驼色（3）
各80cm×110cm

● **制作方法要点**
1 把包体上有标记的位置正面相对对齐后缝合。
2 用与制作包体相同的方法，缝制里袋。
3 把包体和里袋正面相对对齐，留返口缝合袋口。
4 翻到正面整形后，机缝袋口。

〈 裁 剪 方 法 图 〉 ＊缝份为1cm

・棉麻细条纹布

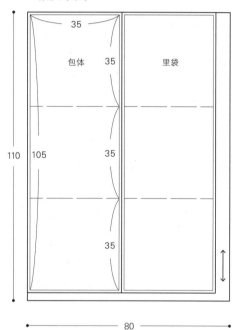

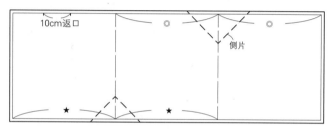

1 制作包体

2 制作里袋
※用制作包体的方法缝制

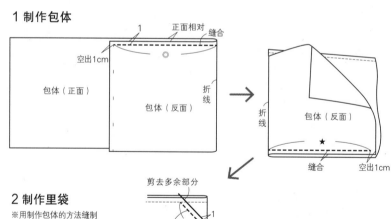

3 把包体和里袋正面相对对齐，缝合袋口

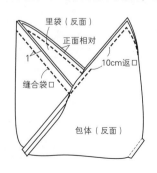

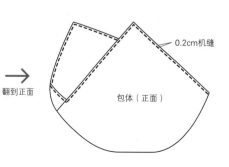

完成图

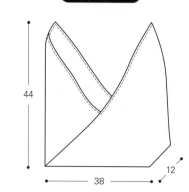

3

票据包

● **完成尺寸**
各约长22cm×高15cm×宽3cm

● **材料**
a…11号帆布 蛋黄色（12）100cm×50cm
棉麻细条纹布
蓝白条纹（2）30cm×20cm
b…11号帆布 军绿色（42）100cm×50cm
棉麻细条纹布
卡其色（3）30cm×20cm
通用：直径1.2cm的四合扣 2组

● **制作方法要点**
1 把2片包盖叠放，给3个边包边，然后安上四合扣。
2 缝合所有的褶子。
3 制作外口袋，安上四合扣，叠放在前片上，机缝1圈。
4 在后片A、B上夹入包盖，机缝固定。
5 把步骤3和步骤4的布正面相对对齐，缝在袋子上。
6 把内口袋缝在里袋上，把2片布正面相对对齐缝在袋子上。
7 把里袋放入包体中，机缝袋口。

〈 **裁剪方法图** 〉 ＊（ ）中的数字是缝份的尺寸，没有指定的缝份为1cm
＊前片、里袋的尺寸相同
＊把包盖与包边布直接裁开

·11号帆布

（1.5）
（24） 24
22 外口袋 20
16 13.5 前片 12 包盖 15
（1片） （2片）
22
16 里袋 12 包盖
50 （2片） （1.5）
后片A 5.5
（1.5）
16 里袋 10.5 后片B 13

包边布
48
4.5

100

·棉麻细条纹布
22
7 内口袋
16
7
24

拐角的实物大纸型
缝份
褶子

1 制作包盖
折叠1cm
包边布
背面相对 ①缝合
把2片包盖叠放 1
③安上四合扣（凹）
②折叠2次后机缝
1 3 3

2 缝合所有的褶子
缝合
折线
3
（反面） 1

3 制作前片
折线 0.2 0.6
2.5
5 ①机缝
②安上四合扣（凸）
外口袋（正面）
前片（正面）
背面相对折叠
折叠出折痕
外口袋（正面）
③机缝

4 制作后片
把中心对齐
1.5 缝合
折叠1.5cm
后片A（反面）
折叠1.5cm
包盖（反面）⊙
后片B（正面）
翻到正面
后片A（正面）
包盖（正面）
机缝
后片B（正面）

5 把前片和后片正面相对对齐缝合
后片A（正面）
前片（反面）
1
缝合
把褶子倒向相反方向

6 制作里袋
正面相对
内口袋（反面）
缝合
折线
翻到正面
折叠1.5cm
③机缝 4
①机缝
内口袋（正面）
折线
里袋（正面）
②缝在里袋上
※用与制作包体相同的方法，把2片里袋正面相对缝合

7 把里袋放入包体中，机缝袋口
里袋（正面）背面相对
0.2
避开包盖
机缝
前片（正面）

完成图
15
22
3

8号托特包 8号托特女士包

● 完成尺寸

8号托特包L号…约长32cm×高32cm×宽15cm
8号托特包M号…约长27cm×高29cm×宽15cm
8号女士托特包…约长20cm×高32cm×宽13cm

● 材料

8号托特包L号…8号帆布 原白色（6）
　　　　　90cm×175cm
8号托特包M号…8号帆布 原白色（6）
　　　　　90cm×165cm

8号女士托特包……8号帆布
浅咖色（24）80cm×110cm
原白色（6）16cm×95cm

通用：
直径1.2cm的四合扣　1组
直径0.7cm的铆钉
　8号托特包　8个
　8号女士托特包　4个

● 制作方法要点

制作方法参照p.42的教程。

*关于内口袋的缝制，把耳布疏缝在里袋时，把内口袋叠放在耳布下面一起缝
*8号女士托特包的提手不用对折，直接缝上。在提手和包体机缝线的交点各固定一个铆钉

制作方法参照p.42的教程。

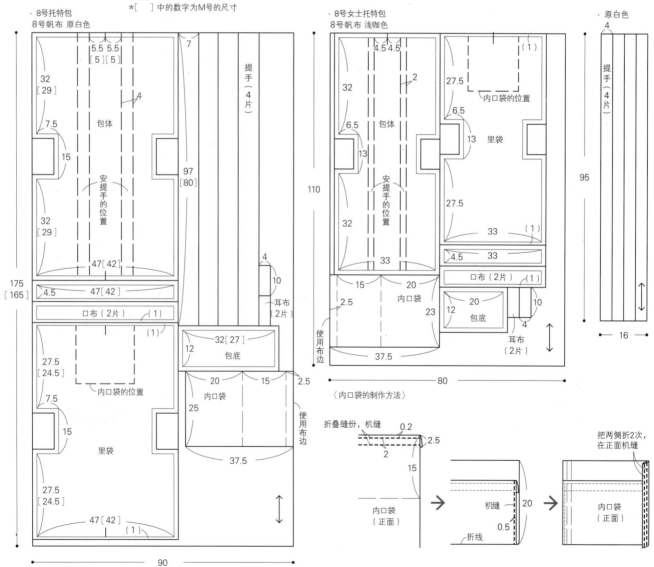

〈裁剪方法图〉 *( )里的数字是缝份的尺寸，没有指定的缝份为1.5cm
　　　　　　*提手、耳布、内口袋直接裁开
　　　　　　*[ ]中的数字为M号的尺寸

p.13

6

小花束

● **完成尺寸**
约长8cm×宽8cm

● **材料**
3次精洗处理的麻质帆布
　本白色（002）　45cm×10cm
　原白色（831）　20cm×10cm
日本产亚麻素布 1/40
　灰白色（4）　30cm×10cm
　原白色（3）　20cm×10cm
花蕊（大）　4根
直径3.8cm的包扣　1组
带夹子的胸针　1个
棉线、胶枪　各适量

● **制作方法要点**
1 把布浸在胶水中，拧干后用熨斗熨平。
2 剪叶子，对折，画上叶脉，剪出形状。
3 剪花瓣，用花剪剪出花的形状。
4 在花瓣的中心插入花蕊，做成小花。
5 制作花蕊的毛球。
6 制作包扣，在内侧贴上步骤2的叶子、步骤4的小花、丝带、花蕊，要
　贴均衡。
7 再把花瓣按照顺序，叠放贴好。
8 在中心贴上步骤5的毛球。
9 在后侧用胶枪粘上胸针。

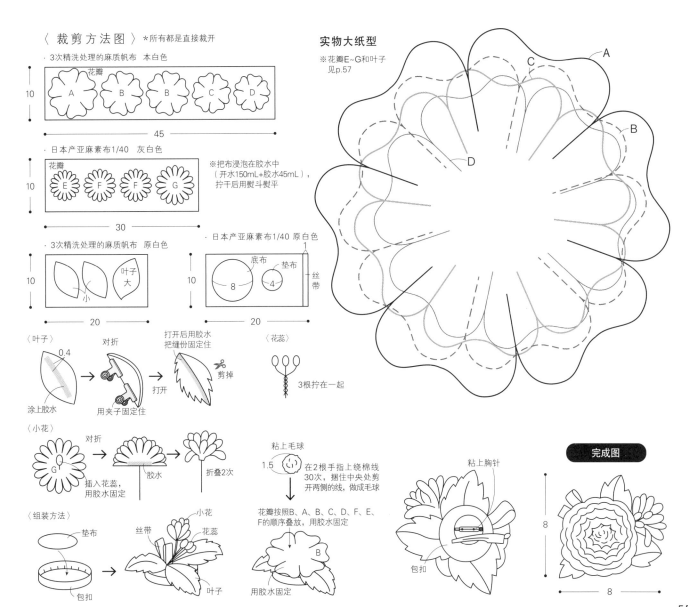

55

7

蛋形包　实物大纸型在 p.49

● **完成尺寸**

各约长32cm × 高34cm × 宽4cm

● **材料**

基础款・水玉款…11号帆布

　原白色（3）110cm × 120cm

条纹款…11号帆布

　原白色（3）　90cm × 120cm

　黑色（50）　60cm × 30cm

通用：

内径2cm的龙虾扣　2个

内径2cm的日字扣　1个

内径1.5cm的龙虾扣　1个

内径1.2cm的D形环　2个

直径1.2cm的四合扣　2组和凸面1个

丙烯颜料 黑色（用于画水玉）　适量

● **制作方法要点**

[**准备**] 水玉款需要用透明文件夹做纸型，然后用模板填色。
　　　　条纹款需要拼接。

1 制作提手。

2 把所有的褶子捏住进行缝合，劈开缝份。

3 把2片包体正面相对对齐，缝成袋状。

4 里袋用与包体同样的方法制作。

5 给包体缝上提手。

6 把包体和里袋正面相对对齐后缝合袋口。翻到正面，机缝。缝合返口。

〈 **裁 剪 方 法 图** 〉 *（ ）内的数字是缝份的尺寸，没有标注的缝份为1.5cm

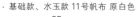
＊提手、肩带、各耳布、条纹布都是直接裁开
＊在包体和里袋上放上纸型，画出标记线

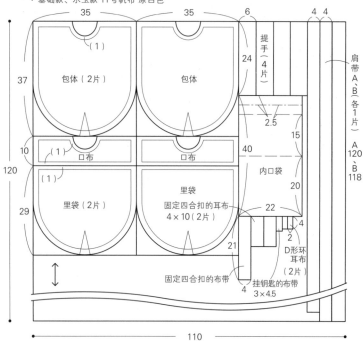

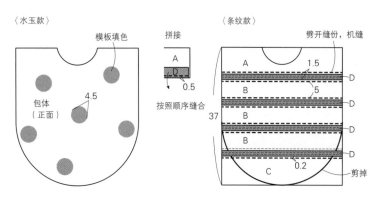

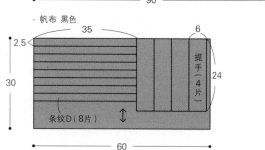

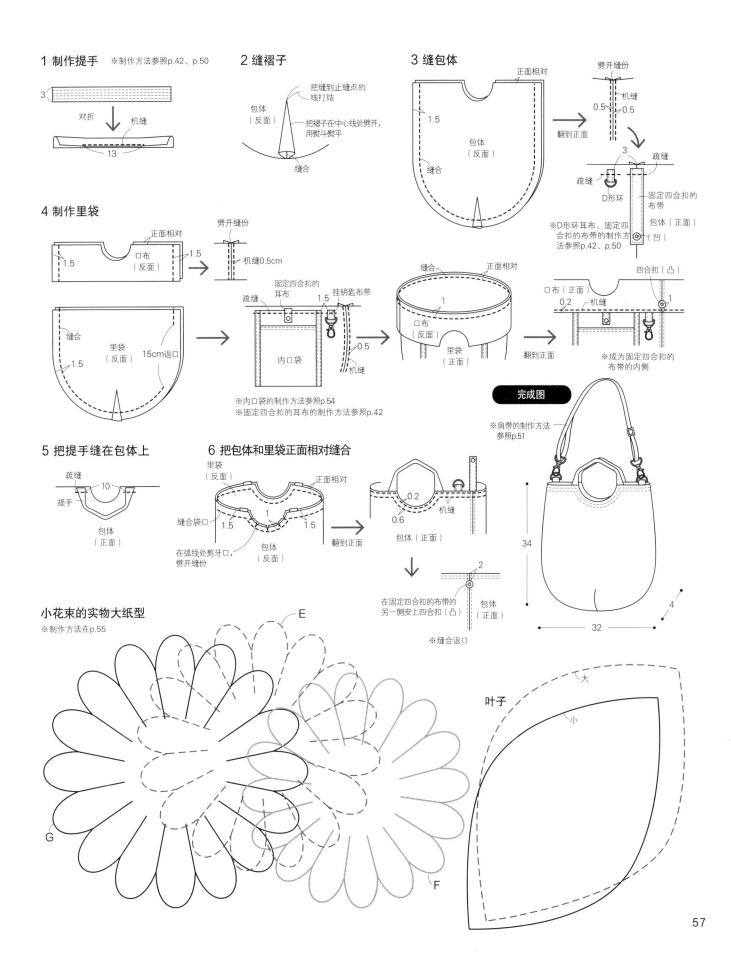

1 制作提手 ※制作方法参照p.42、p.50

3

对折

机缝

13

2 缝褶子

把缝到止缝点的
线打结

包体
（反面）

把褶子在中心线处劈开，
用熨斗熨平

缝合

3 缝包体

正面相对

1.5

包体
（反面）

缝合

劈开缝份

机缝

0.5 0.5

翻到正面

3 疏缝

疏缝

D形环

固定四合扣的
布带

※D形环耳布、固定四
合扣的布带的制作方
法参照p.42、p.50

包体（正面）

（凹）

四合扣（凸）

口布（正面）

0.2 机缝

1

※成为固定四合扣的
布带的内侧

4 制作里袋

正面相对

1.5

口布
（反面）

1.5

劈开缝份

机缝0.5cm

缝合

里袋
（反面）

1.5

1.5

15cm返口

疏缝

固定四合扣的
耳布

1.5

挂钥匙布带

内口袋

0.5

机缝

※内口袋的制作方法参照p.54
※固定四合扣的布布的制作方法参照p.42

缝合

正面相对

1

口布
（反面）

里袋
（正面）

翻到正面

5 把提手缝在包体上

疏缝

10

提手

包体
（正面）

6 把包体和里袋正面相对缝合

里袋
（反面）

正面相对

缝合袋口

1.5

1.5

包体
（反面）

在弧线处剪牙口，
劈开缝份

翻到正面

0.2

0.6

机缝

包体（正面）

2

包体
（正面）

在固定四合扣的布带的
另一侧安上四合扣（凸）

※缝合返口

完成图

※肩带的制作方法
参照p.51

34

32

4

小花束的实物大纸型

※制作方法在p.55

E

G

F

叶子

大

小

57

p.16

便当包

● **完成尺寸**

a …约长30cm×高31cm×宽12cm

b …约长37cm×高27.5cm×宽12cm

c …约长27cm×高35cm×宽12cm

● **材料**

颜色鲜艳的帆布

a 灰色（KOF-02/GRY）　70cm×65cm

b 蓝色（KOF-02/BL）　85cm×60cm

c 黄色（KOF-02/Y）　65cm×70cm

● **制作方法要点**

1 把外侧口布和内侧口布正面相对对齐缝提手部分，给缝份剪牙口，翻到正面，进行机缝。制作2组。

2 如图，叠放后分别缝内侧口布、外侧口布的侧边。翻到正面，成为环形，机缝提手和袋口。

3 把包体正面相对对齐，缝合侧边，缝侧片。

4 把步骤**3**的包体和步骤**2**的口布缝合。

〈 **裁 剪 方 法 图** 〉 ＊( ) 内的数字是缝份的尺寸，没有指定的缝份为1.5cm

· a 颜色鲜艳的帆布　灰色

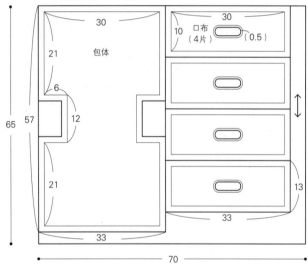

· c 颜色鲜艳的帆布　黄色

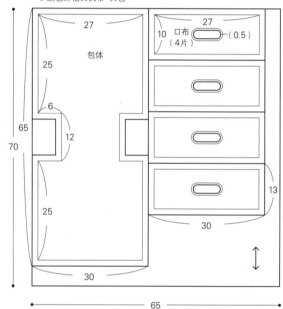

· b 颜色鲜艳的帆布　蓝色

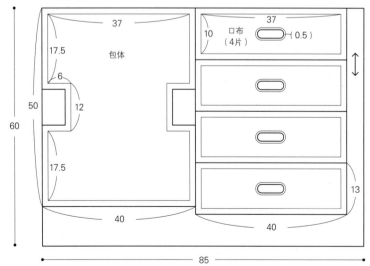

提手的实物大纸型

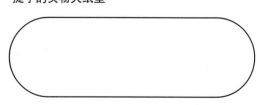

1 制作口布上的提手

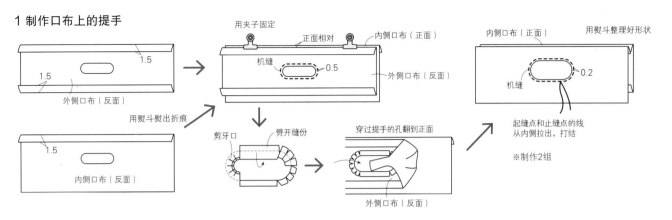

用夹子固定　正面相对　内侧口布（正面）　用熨斗整理好形状

机缝　0.5　外侧口布（反面）

内侧口布（正面）

机缝　0.2

1.5

外侧口布（反面）

用熨斗熨出折痕

1.5

1.5

内侧口布（反面）

剪牙口　劈开缝份

穿过提手的孔翻到正面

外侧口布（反面）

起缝点和止缝点的线
从内侧拉出，打结

※制作2组

2 制作口布

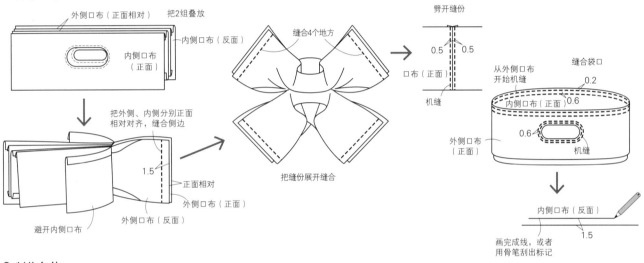

外侧口布（正面相对）　把2组叠放　内侧口布（反面）

缝合4个地方　劈开缝份

内侧口布（正面）

0.5　0.5

口布（正面）

机缝

从外侧口布开始机缝　缝合袋口

0.2

内侧口布（正面）　0.6

0.6

外侧口布（正面）

机缝

把外侧、内侧分别正面相对对齐，缝合侧边

1.5

正面相对

外侧口布（正面）

避开内侧口布　外侧口布（反面）

把缝份展开缝合

内侧口布（反面）

1.5

画完成线，或者
用骨笔刮出标记

3 制作包体

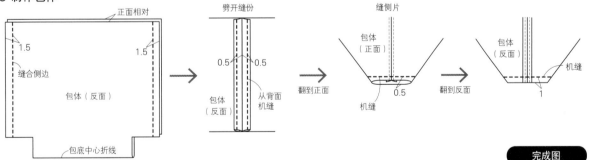

正面相对　劈开缝份　缝侧片

1.5　1.5

0.5　0.5

包体（正面）

包体（正面）

缝合侧边

包体（反面）

包体（反面）

从背面机缝

翻到正面

机缝　0.5

翻到反面

包体（反面）

机缝　1

包底中心折线

完成图

4 缝合包体和口布

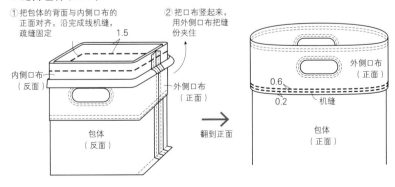

①把包体的背面与内侧口布的
正面对齐，沿完成线机缝，
疏缝固定

1.5

②把口布竖起来，
用外侧口布把缝
份夹住

内侧口布
（反面）

外侧口布
（正面）

包体
（反面）

翻到正面

外侧口布
（正面）

0.6

0.2　机缝

包体
（正面）

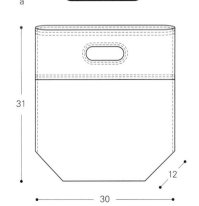

a

31

12

30

9

p.17

单提手背包

● **完成尺寸**
约长22cm×高33cm×宽16cm

● **材料**（背包和小包各1份）
经过酵素清洗处理的8号帆布 type-A（常用的）
　藏青色　90cm×105cm
条纹牛仔布（染色/酵素）
　　　80cm×80cm
直径1.2cm的四合扣　2组
自己喜欢的标签　1片

● **制作方法要点**
1 制作肩带（参照p.51）。
2 制作耳布（参照p.42）。
3 缝包体的褶子，按照2片A、A和B的顺序正面相对对齐缝合。
4 给侧片表布B缝上口袋，把A和B正面相对对齐缝合。
5 把包体和侧片表布正面相对对齐缝合，再缝上肩带。
6 制作内口袋。
7 给里袋缝上内口袋和耳布，把侧片里布正面相对对齐缝合。
8 把口布A和B正面相对缝成环形。
9 把里袋和口布正面相对缝合。
10 把包体和里袋（口布）背面相对缝合。

〈 **裁剪方法图** 〉 ＊（ ）内的数字是缝份的尺寸，没有指定的缝份为1cm，肩带、耳布直接裁开
＊背包的包体A、包里袋的褶子，需要放上纸型，做上标记
＊没有指定的是小包

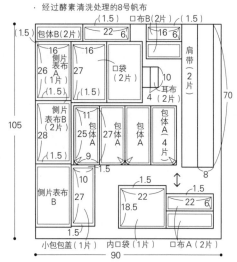

· 经过酵素清洗处理的8号帆布

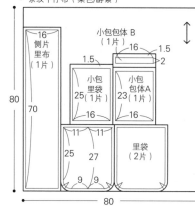

· 条纹牛仔布（染色/酵素）

※小包的制作方法在p.69

1 制作肩带

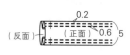

※制作方法参照p.51

2 制作耳布

※制作方法参照p.42

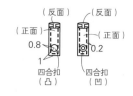

3 制作包体

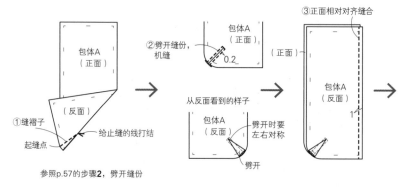

参照p.57的步骤**2**，劈开缝份

包体A和里袋的实物大纸型

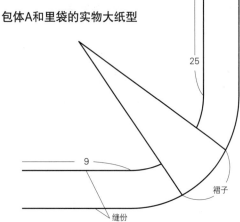

60

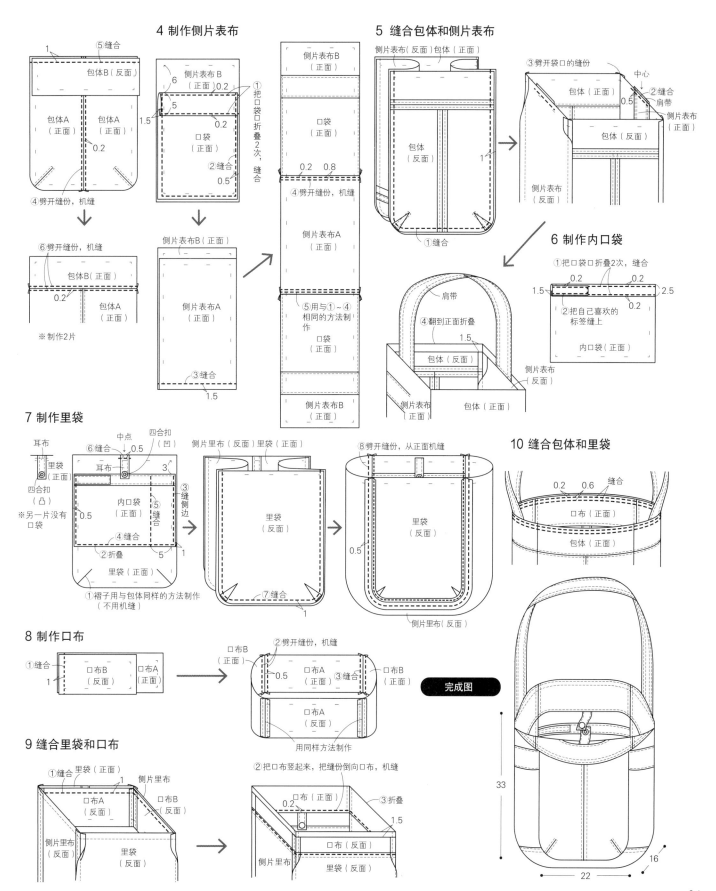

4 制作侧片表布

①缝合
①
包体B（反面）
包体A（正面）　包体A（正面）
0.2
④劈开缝份，机缝

侧片表布B（正面）
6
0.2
5
1.5
口袋（正面）
0.2
②缝合
0.5
①把口袋口折叠2次，缝合

⑥劈开缝份，机缝
包体B（正面）
0.2
包体A（正面）
※制作2片

侧片表布B（正面）
侧片表布A（正面）
③缝合
1.5

侧片表布B（正面）
口袋（正面）
0.2　0.8
④劈开缝份，机缝
侧片表布A（正面）
⑤用与①～④相同的方法制作
口袋（正面）
侧片表布B（正面）

5 缝合包体和侧片表布

侧片表布（反面）包体（正面）
包体（反面）
①缝合

③劈开袋口的缝份
中心
包体（正面）
0.5
②缝合肩带
侧片表布（正面）
包体（反面）

6 制作内口袋

①把口袋口折叠2次，缝合
0.2　0.2
1.5　2.5
0.2
②把自己喜欢的标签缝上
内口袋（正面）

肩带
④翻到正面折叠
1.5
包体（反面）
侧片表布（反面）
侧片表布（正面）
包体（正面）

7 制作里袋

耳布
里袋（正面）
四合扣（凸）
※另一片没有口袋
0.5
⑥缝合
中点
0.5
耳布
3
内口袋（正面）
③缝侧边
⑤缝合
②折叠
④缝合
①褶子用与包体同样的方法制作（不用机缝）
四合扣（凹）
5
1
里袋（正面）

侧片里布（反面）里袋（正面）
里袋（反面）

⑧劈开缝份，从正面机缝
里袋（反面）
0.5
侧片里布（反面）
⑦缝合
1

10 缝合包体和里袋

0.2　0.6　缝合
口布（正面）
包体（正面）

8 制作口布

①缝合
口布B（反面）　口布A（正面）
1

②劈开缝份，机缝
口布B（正面）
口布A（正面）　缝合
口布B（正面）
0.5
③缝合
口布A（反面）
用同样方法制作

9 缝合里袋和口布

①缝合　里袋（正面）
1
侧片里布
口布A（反面）
口布B（反面）
侧片里布（反面）
里袋（反面）

②把口布竖起来，把缝份倒向口布，机缝
口布（正面）
③折叠
0.2
1.5
口布（反面）
侧片里布
里袋（反面）

完成图

33
22
16

p.18

八字形布袋

● 完成尺寸

M号…约长35cm×高35cm×宽10cm

L 号…约长42cm×高45cm×宽10cm

● 材料

经过做旧处理的11号帆布 古典色

　M号…湖蓝色　90cm×105cm

　L 号…驼色　108cm×120cm

通用：

直径1.2cm的四合扣　1组

直径0.9cm的四合扣　2组

1.2cm宽的皮革带　15cm

1cm宽的双面胶带　15cm

● 制作方法要点

1 把包体和里袋的缝份折叠。

2 剪去侧片。

3 把包体相同标记正面相对对齐后缝合，劈开缝份机缝。缝侧片。

4 把包体和里袋背面相对对齐，夹入耳布，缝合袋口。

5 制作提手。

6 给包体缝上提手。嵌入皮标签。

〈 裁 剪 方 法 图 〉 *（ ）内的数字是缝份的尺寸，没有指定的缝份为1.5cm

＊内口袋、提手、提手的里布、耳布都是直接裁开

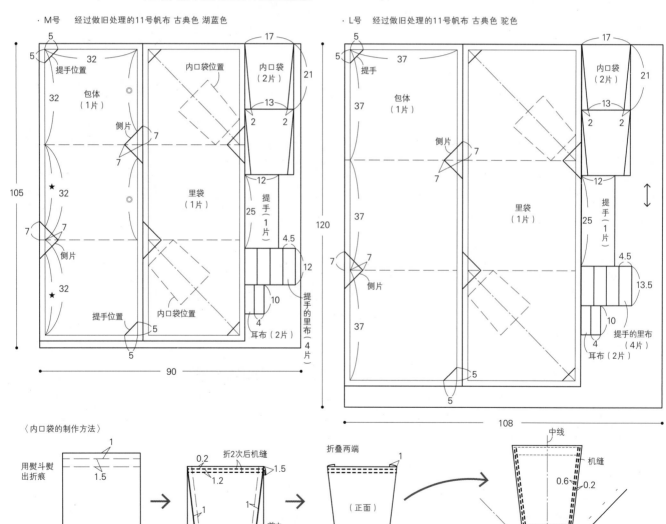

1 把包体和里袋的所有缝份都折叠起来

2 把侧片的部分剪去

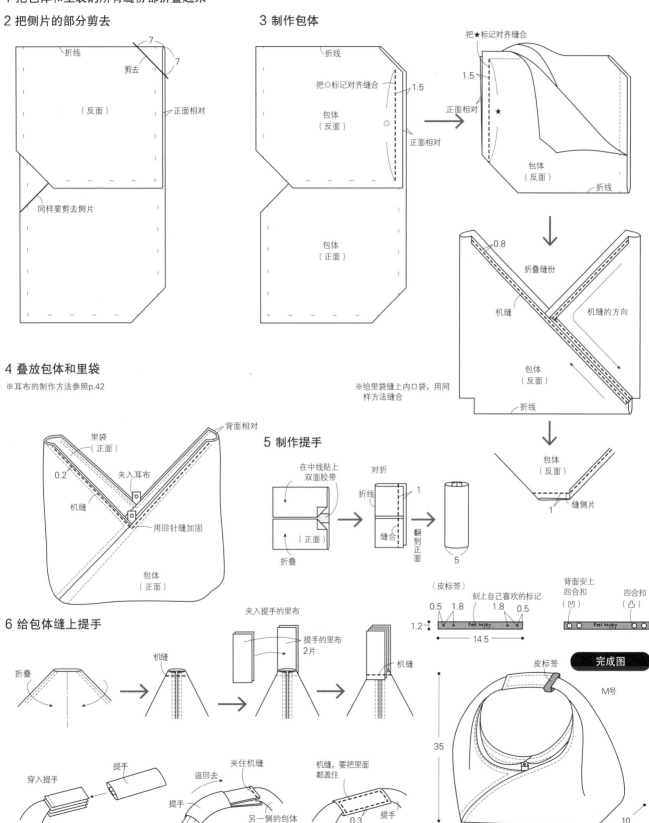

3 制作包体

7
7
折线
剪去
（反面）
正面相对
同样要剪去侧片
包体
（正面）

折线
把◎标记对齐缝合
1.5
包体
（反面）
◎
正面相对
包体
（正面）

把★标记对齐缝合
1.5
正面相对
★
包体
（反面）
折线

0.8
折叠缝份
机缝
机缝的方向
包体
（反面）
折线

※给里袋缝上内口袋，用同样方法缝合

包体
（反面）
1
缝侧片

4 叠放包体和里袋

※耳布的制作方法参照p.42

里袋
（正面）
背面相对
0.2
夹入耳布
机缝
用回针缝加固
包体
（正面）

5 制作提手

在中线贴上
双面胶带
对折
折线
1
（正面）
折叠
缝合
翻到正面
5

6 给包体缝上提手

折叠
机缝
夹入提手的里布
提手的里布
2片
机缝

穿入提手
提手
返回去
夹住机缝
提手
另一侧的包体
机缝，要把里面都盖住
0.3
提手

〈皮标签〉
0.5 1.8 刻上自己喜欢的标记 1.8 0.5
1.2
feel happy
14.5

背面安上
四合扣
（凹）
四合扣
（凸）
feel happy

完成图

皮标签
M号
35
35
10

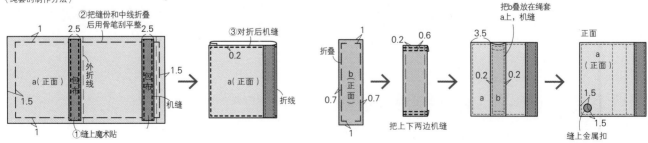

p.20

11

海洋风托特包

● **完成尺寸**
各约长19cm×高38.5cm×宽13cm

● **材料**
11号帆布 55号色
　a 深棕色、**b** 浅灰色、
　c 黑色 各100cm×90cm

通用：
11号帆布 55号色 自然色、原白色
　　40cm×50cm
2.5cm宽的魔术贴 14cm

直径1cm的棉绳　165cm
内径1.2cm的气眼　8组
直径1.8cm的金属扣　1个

● **制作方法要点**

1　拼接好包体，正面相对对折，然后缝合侧边。缝上侧边挡布。缝侧片，与口布缝合。

2　里袋的制作方法与包体相同，夹入内口袋后与口布缝合。

3　把包体和里袋背面相对对齐，缝合袋口。

4　安上气眼。

5　穿入棉绳，做成提手。

〈 裁 剪 方 法 图 〉 ＊( ) 内的数字是缝份的尺寸，没有指定的缝份为1.5cm
　　　　　　　　＊内口袋、绳套b是直接裁开

· 11号帆布 55号色
　a 深棕色、b 浅灰色、c 黑色

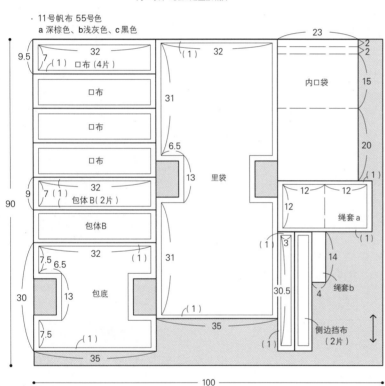

＊包体A、C为同尺寸

· 11号帆布 55号色 自然色 原白色

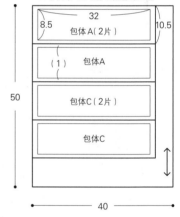

〈绳套的制作方法〉

64

1 制作包体

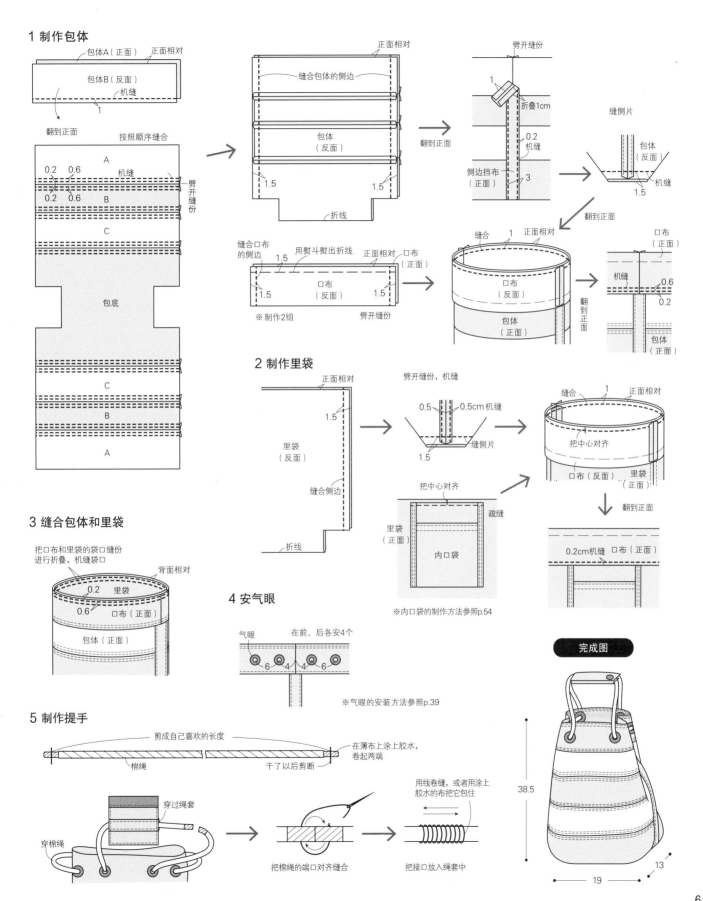

包体A（正面） 正面相对
包体B（反面）
机缝
1

翻到正面 按照顺序缝合

A
0.2 0.6 机缝 劈开缝份
0.2 0.6 B
C
包底
C
B
A

正面相对
缝合包体的侧边
包体（反面）
1.5 1.5
折线

劈开缝份
1
折叠1cm
0.2 机缝
侧边挡布（正面） 3

缝侧片
包体（反面）
机缝
1.5

翻到正面

缝合口布的侧边
1.5 用熨斗熨出折线 正面相对 口布（正面）
口布（反面）
1.5 1.5
※制作2组 劈开缝份

缝合 1 正面相对 口布（正面）
口布（反面）
口布（反面） 包体（正面）
翻到正面

机缝 0.6 0.2
包体（正面）

2 制作里袋

正面相对
1.5
里袋（反面）
缝合侧边
折线

劈开缝份，机缝
0.5 0.5cm机缝
1.5 缝侧片

缝合 1 正面相对
把中心对齐
口布（反面） 里袋（正面）
翻到正面

0.2cm机缝 口布（正面）

把中心对齐
疏缝
里袋（正面）
内口袋

※内口袋的制作方法参照p.54

3 缝合包体和里袋

把口布和里袋的袋口缝份进行折叠，机缝袋口
背面相对
0.2 里袋
0.6 口布（正面）
包体（正面）

4 安气眼

气眼 在前、后各安4个
6 4 4 6
※气眼的安装方法参照p.39

5 制作提手

剪成自己喜欢的长度
棉绳 干了以后剪断
在薄布上涂上胶水，卷起两端

穿过绳套
穿棉绳

用线卷缝，或者用涂上胶水的布把它包住
把棉绳的端口对齐缝合
把接口放入绳套中

完成图

38.5
19 13

65

p.22

12

圆底托特包

● **完成尺寸**
各约高31.5cm×包底的直径22cm

● **材料**（托特包和小包各1份）
颜色鲜艳的帆布
　a 红色（KOF–02/R）
　b 藏青色（KOF–02/NV）各110cm×100cm
条纹牛仔布（染色/酵素）
　23cm×28cm
厚0.2cm的皮革　10cm×10cm
20cm的拉链　1根
0.8cm宽的皮革带子　20cm
0.3cm宽的皮革带子　50cm
直径1.2cm的四合扣　3组
直径1.9cm的气眼　1组
直径0.9cm的气眼　1组

直径0.9cm的铆钉　4组
直径0.7cm的铆钉　1组
自己喜欢的标签　1片

● **制作方法要点**
1 制作提手，把中间部分对折后缝合。
2 制作口袋，缝在包体上。
3 制作内口袋，缝在里袋上。
4 把包体正面相对对齐，缝合侧边。在袋口中央画上标记，与包底表布正面相对对齐后缝合。缝上提手。
5 把里袋、口布分别正面相对对齐后缝合侧边。按照里袋和里袋包底、里袋和口布的顺序，把它们分别正面相对，缝合。
6 把包体和口布正面相对对齐后缝合袋口。翻到正面缝合返口，回到反面在反面缝上标签，安上铆钉。
7 制作握柄，安在提手上。

〈 裁 剪 方 法 图 〉 *( ) 内的数字是缝份的尺寸，没有指出的缝份为1.5cm，提手、皮革直接裁开

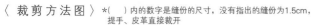

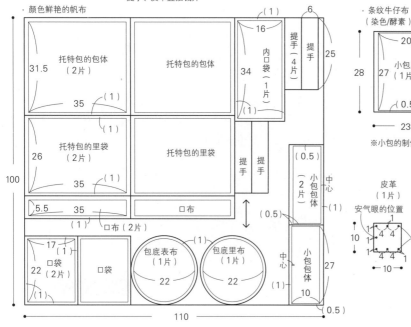

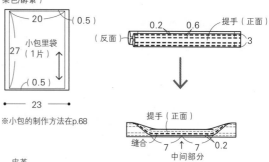

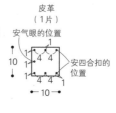

1 制作提手
※制作方法参照p.42、p.50

※小包的制作方法在p.68

2 制作口袋

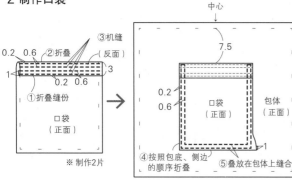

3 制作内口袋

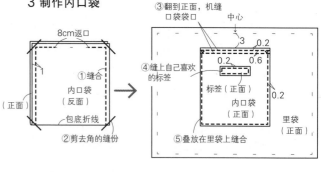

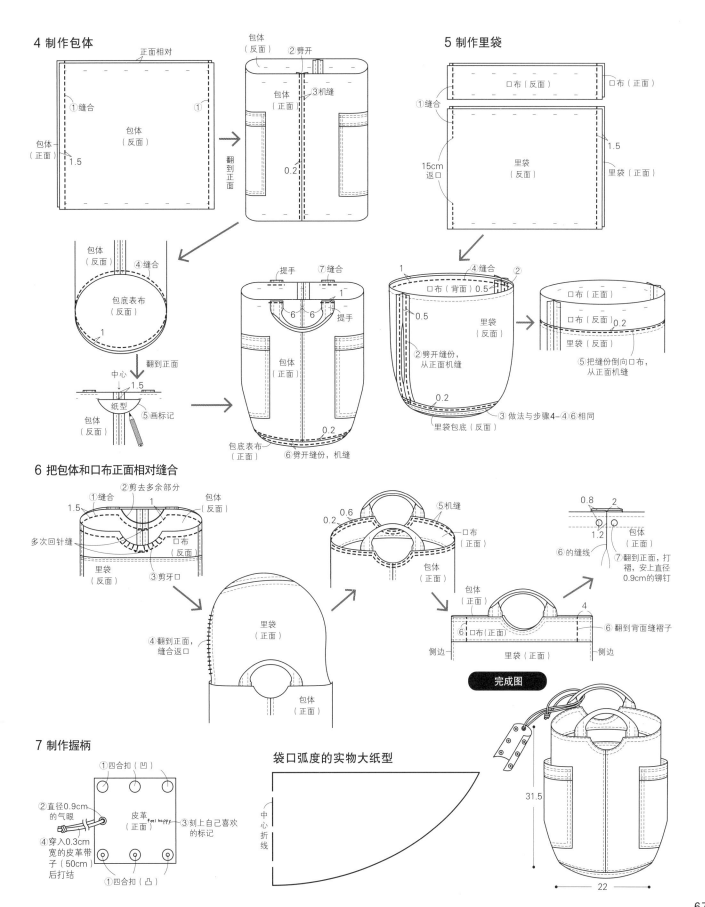

4 制作包体

正面相对
①缝合
①
包体（反面）
包体（正面）
1.5

翻到正面

包体（反面）
②劈开
③机缝
包体（正面）
0.2

包体（反面）
④缝合
包底表布（反面）
1

翻到正面

中心
1.5
纸型
包体（反面）
⑤画标记

提手
⑦缝合
提手
6 6
包体（正面）
包底表布（正面）
⑥劈开缝份，机缝
0.2
0.2

5 制作里袋

口布（反面）
口布（正面）
①缝合
里袋（反面）
15cm返口
里袋（正面）
1.5

1
④缝合
2
口布（背面）0.5
0.5
里袋（反面）
②劈开缝份，从正面机缝
③做法与步骤4-④⑥相同
里袋包底（反面）
0.2

口布（正面）
口布（正面）
里袋（反面）
⑤把缝份倒向口布，从正面机缝
0.2

6 把包体和口布正面相对缝合

①缝合
②剪去多余部分
包体（反面）
1.5
1
多次回针缝
口布（反面）
里袋（反面）
③剪牙口

④翻到正面，缝合返口
里袋（正面）
包体（正面）

0.2 0.6
⑤机缝
口布（正面）
包体（正面）

包体（正面）
6 口布（正面）
4
侧边
里袋（正面）
侧边

0.8 2
0.8
1.2
包体（正面）
⑥的缝线
⑦翻到正面，打褶，安上直径0.9cm的铆钉
⑥翻到背面缝褶子

7 制作握柄

①四合扣（凹）
②直径0.9cm的气眼
皮革（正面）
feel happy
③刻上自己喜欢的标记
④穿入0.3cm宽的皮革带子（50cm）后打结
①四合扣（凸）

袋口弧度的实物大纸型
中心折线

完成图

31.5
22

12

小包

p.22

● **完成尺寸**
各约长12cm×高11cm×宽8cm

● **材料、裁剪方法**
参照p.66

● **制作方法要点**
1 把2片包体正面相对对齐，缝合中央部分。
2 在包体上安拉链，把里袋正面相对对齐，缝合。
3 把包体、里袋分别正面相对对齐后，留返口缝合侧边，缝侧片。
4 翻到正面缝合返口，机缝袋口。安气眼，安上皮革带子。

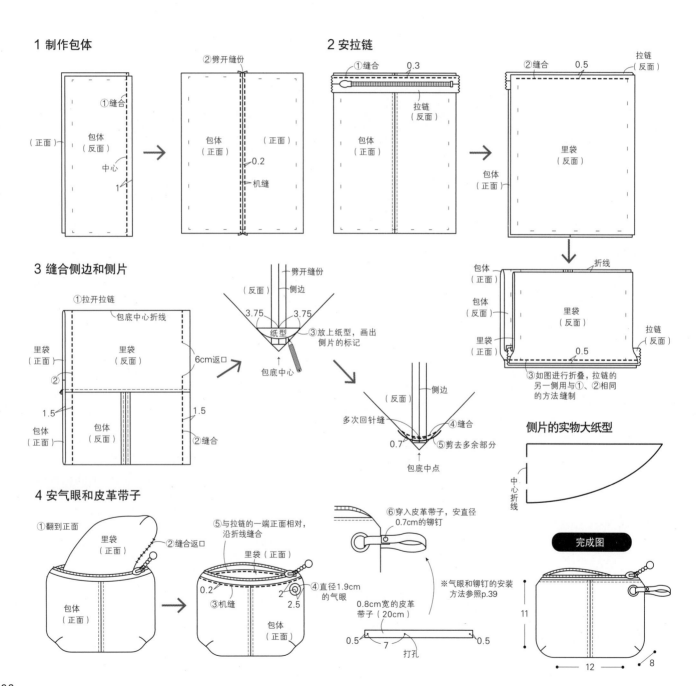

p.17

9

小包

● **完成尺寸**
约长8cm×高10.5cm×宽8cm

● **材料、裁剪方法图**
参照p.60

● **制作方法要点**
1 制作包盖。
2 在包体A上缝上包盖，与包体B正面相对对齐缝合。正面相对对折，缝合侧边，缝侧片，折叠袋口的缝份。
3 把里袋正面相对折叠一次，缝合侧边，缝侧片，折叠袋口的缝份。
4 把包体和里袋背面相对对齐，避开包盖缝合袋口。给包体安上四合扣（凸），给袋口缝褶子。

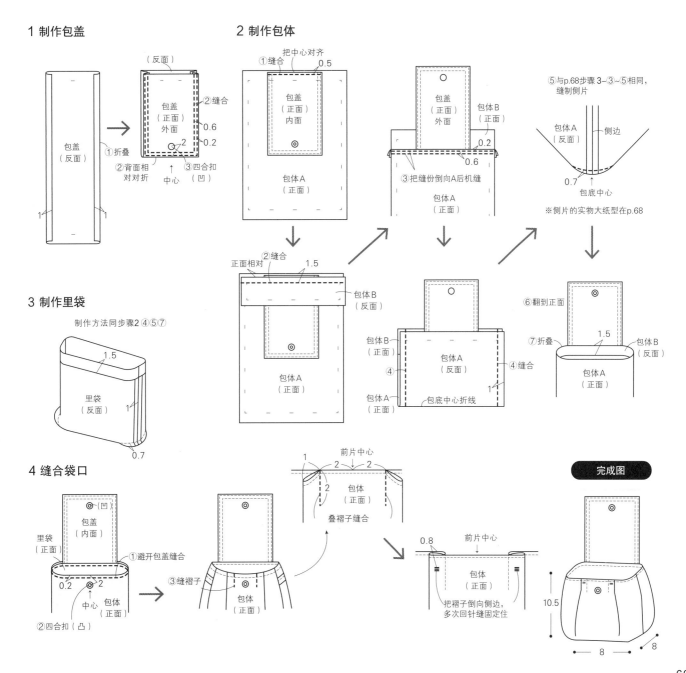

p.24

大单肩背包

13

● **完成尺寸**
约长53cm×高45.5cm

● **材料**
经过做旧处理的11号帆布 古典色
土色 108cm×240cm
52cm的拉链（双开头式） 1根

● **制作方法要点**
1 制作肩带（参照p.51）。
2 缝包体的褶子、侧边和包底，安上肩带。
3 给拉链端口包上耳布。把2片拉链挡布正面相对对齐，夹入拉链缝合。
4 把口布正面相对对齐，缝成环形。
5 安上内口袋，缝里袋的褶子。
6 制作里袋。把口布正面相对对齐，夹入拉链挡布缝合。
7 把包体和里袋正面相对对齐，缝合。

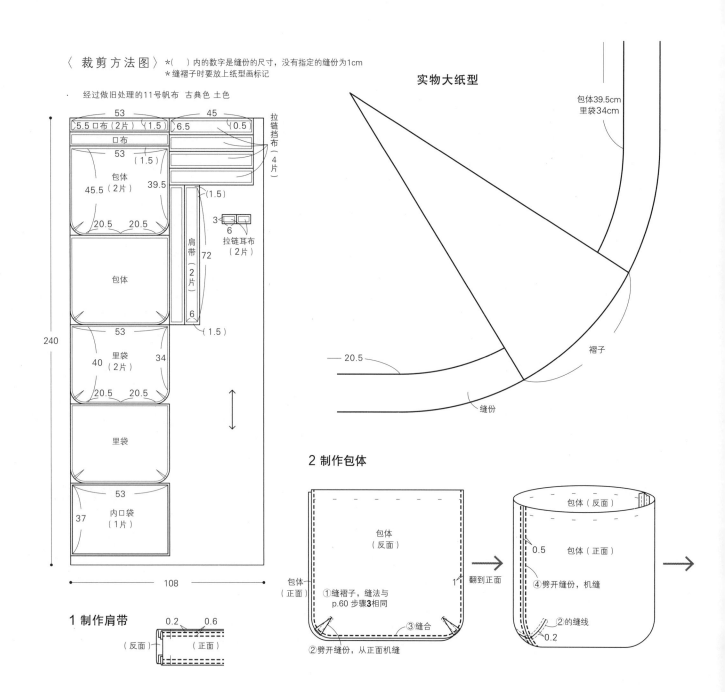

〈 裁剪方法图 〉 *( )内的数字是缝份的尺寸，没有指定的缝份为1cm
*缝褶子时要放上纸型画标记

· 经过做旧处理的11号帆布 古典色 土色

实物大纸型

包体39.5cm
里袋34cm

2 制作包体

1 制作肩带

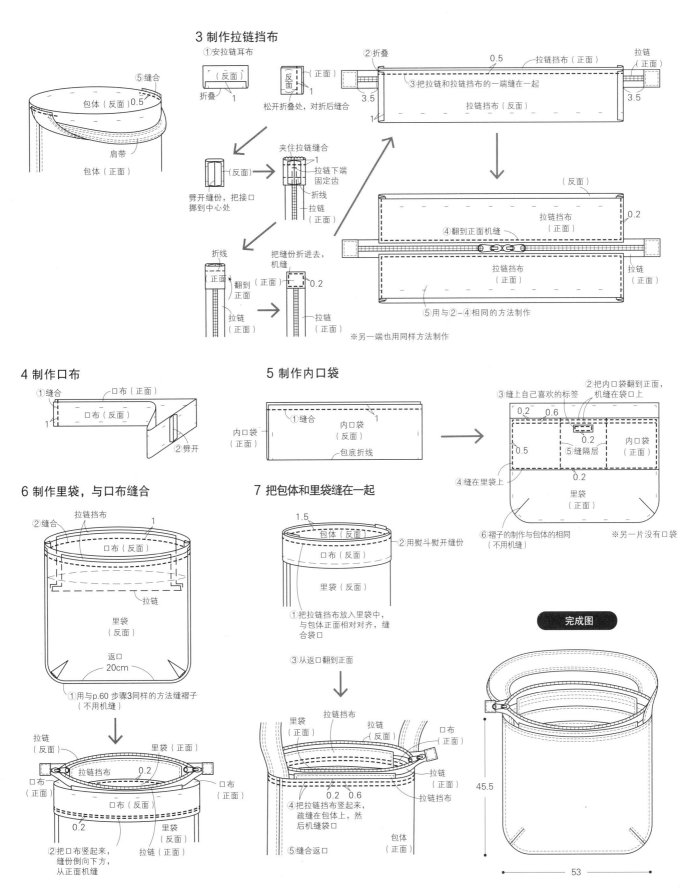

3 制作拉链挡布

①安拉链耳布

折叠
（反面）
1

松开折叠处，对折后缝合
（正面）
（反面）

劈开缝份，把接口挪到中心处
（反面）

夹住拉链缝合
1
拉链下端固定齿
折线
拉链（正面）

折线
（正面）
翻到正面
拉链（正面）

把缝份折进去，机缝
（正面）
0.2
拉链（正面）

②折叠
0.5
拉链挡布（正面）
拉链（正面）
3.5
③把拉链和拉链挡布的一端缝在一起
拉链挡布（反面）
3.5
1

（反面）
④翻到正面机缝
拉链挡布（正面）
0.2
拉链挡布（正面）
拉链（正面）

⑤用与②~④相同的方法制作

※另一端也用同样方法制作

肩带
包体（反面）0.5
⑤缝合
包体（正面）

4 制作口布

①缝合
口布（正面）
口布（反面）
1
②劈开

5 制作内口袋

①缝合
内口袋（正面）
内口袋（反面）
1
包底折线

③缝上自己喜欢的标签
②把内口袋翻到正面，机缝在袋口上
0.2 0.6
0.2
0.5
⑤缝隔层
内口袋（正面）
④缝在里袋上
0.2
里袋（正面）
⑥褶子的制作与包体的相同（不用机缝）
※另一片没有口袋

6 制作里袋，与口布缝合

②缝合
拉链挡布
1
口布（反面）
拉链
里袋（反面）
返口 20cm
①用与p.60 步骤3同样的方法缝褶子（不用机缝）

拉链（反面）
里袋（正面）
拉链挡布 0.2
口布（反面）
口布（正面）
口布（正面）
0.2
里袋（反面）
拉链（正面）
②把口布竖起来，缝份倒向下方，从正面机缝

7 把包体和里袋缝在一起

1.5
包体（反面）
②用熨斗熨开缝份
口布（反面）
里袋（反面）
①把拉链挡布放入里袋中，与包体正面相对对齐，缝合袋口
③从返口翻到正面

里袋（正面）
拉链挡布
拉链
里袋（反面）
口布（正面）
拉链（正面）
拉链挡布
0.2 0.6
④把拉链挡布竖起来，疏缝在包体上，然后机缝袋口
⑤缝合返口
包体（正面）

完成图

45.5
53

14

扁单肩背包

● **完成尺寸**

各约长23cm×高28cm

● **材料**

经过打蜡处理的10号帆布

　a灰色、**b**原白色、**c**深黄色　各50cm×70cm

直径1.8cm的气眼　4组

直径0.8cm的四合扣　1组

0.5cm的皮革带子　145cm

● **制作方法要点**

1 把包体的上下两边折2次，缝合，安上气眼。

2 把内口袋的上下两边折2次，缝合，安上四合扣。

3 把包体和内口袋背面相对叠放在一起，缝合包底中心。

4 只把内口袋正面相对对齐，缝合内口袋的袋底部分。

5 把包体背面相对对齐，缝合侧边。

6 穿上皮革带子，打结。

〈 裁 剪 方 法 图 〉 ＊全部都是直接裁开

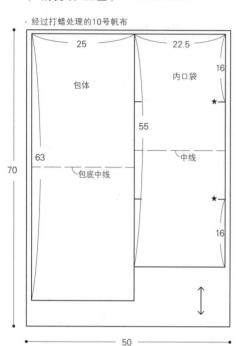

1 给包体安气眼

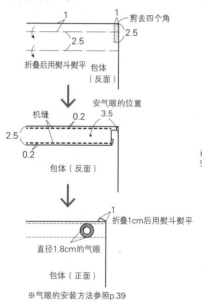

2 给内口袋安四合扣

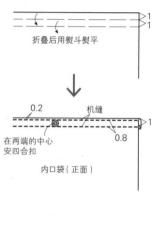

3 把包体和内口袋叠放后缝合

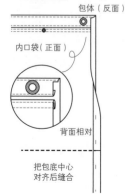

4 缝合内口袋的底部

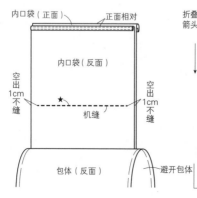

5 缝合侧边

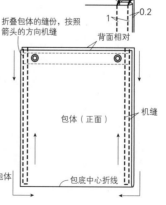

完成图

p.28

购物袋

15

● **完成尺寸**
各约长42cm×高38.5cm×宽20cm

● **材料**（1份）
经过1次清洗处理的麻质帆布
　a 驼色（05）、**b** 果绿色（29）、**c** 青灰色
（48）、**d** 向日葵色（14）、**e** 铁蓝色（35）各
100cm×100cm
直径1.2cm的四合扣　1组
自己喜欢的标签　1片

● **制作方法要点**
1 制作提手和肩带（参照p.42、p.50、p.51）。
2 把包体背面相对折叠，把包底的侧片部分内折后缝合两侧。翻到反面缝合两侧。缝上提手。
3 把口布正面相对对齐缝成环形，折叠下方的缝份。缝上肩带。
4 把口布叠放在包体的背面，缝合袋口。翻到正面缝合口布的下端，机缝袋口。安上四合扣。

〈 裁剪方法图 〉＊缝份为1.5cm

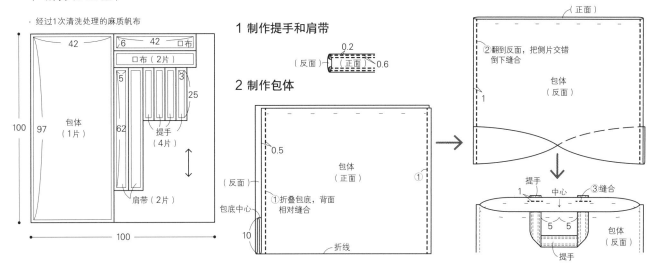

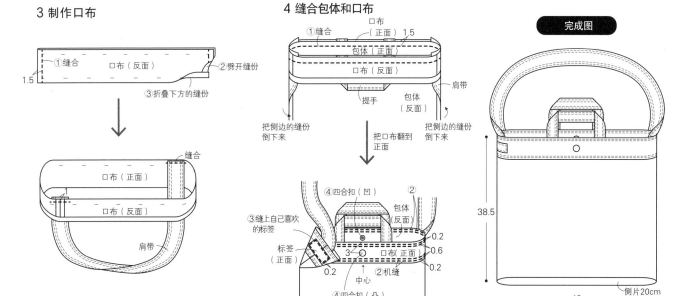

73

p.30

16

双肩包

● 完成尺寸
约长23cm × 高40cm × 宽13cm

● 材料
经过酵素清洗处理的8号帆布 橄榄绿色（16）
　　88cm × 170cm
条纹牛仔布（染色/酵素）
　　40cm × 80cm
直径1.2cm的四合扣　2组
4cm宽的日字扣、口字环　各2组
内径1cm的气眼　12组

● 制作方法要点
1 缝合包体和侧片。
2 制作各部分，缝在包体上。
3 把包体相邻布片的侧边正面相对缝合，缝成盒子的形状。
4 把口布缝成环形。给里袋缝上内口袋，正面相对把侧边和侧片缝合。把口布和里袋缝在一起。
5 把包体和里袋背面相对对齐，缝合袋口。安上气眼。
6 制作束口绳，穿过气眼。
7 制作束口绳的固定环，穿入束口绳后打结。
8 肩带上日字扣、口字环，缝上固定住。

〈 裁 剪 方 法 图 〉 *（ ）内的数字为缝份的尺寸，没有指定的为1.5cm
＊各口袋、肩带、束口绳、束口绳的固定环、提手、口字耳布都是直接裁开

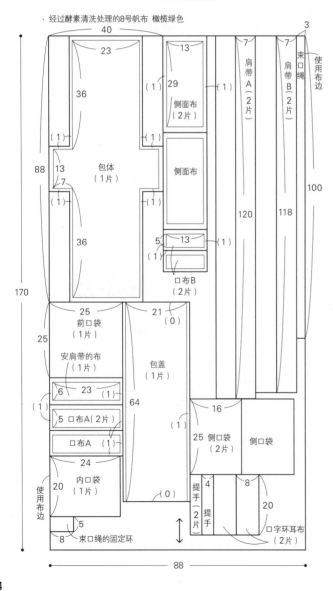

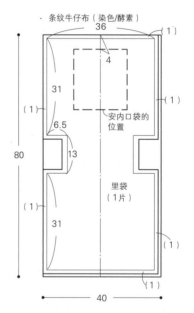

1 缝合包体和侧面布

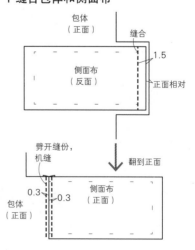

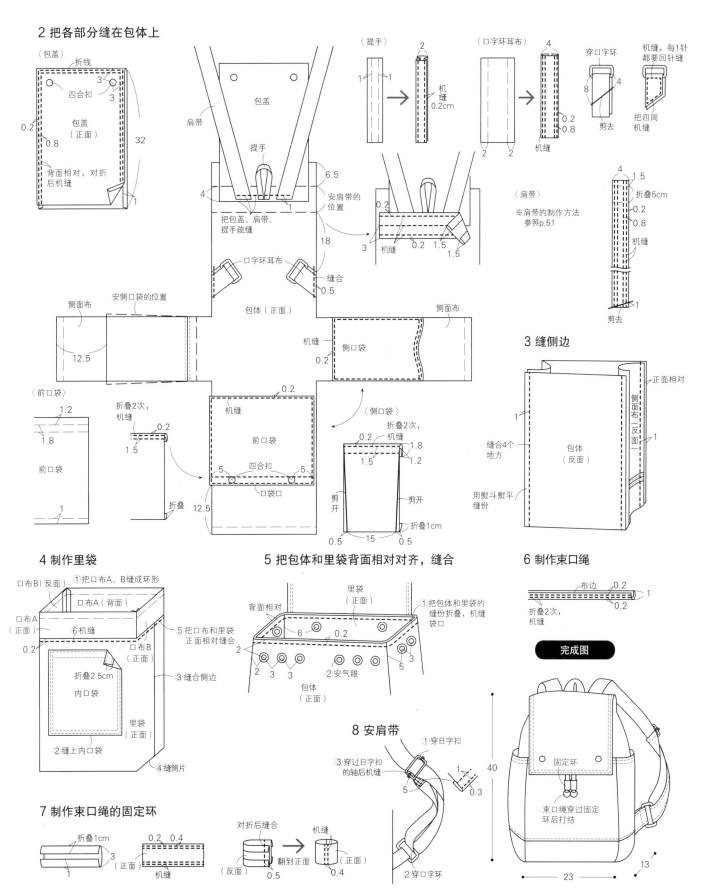

2 把各部分缝在包体上

〈包盖〉
折线
四合扣
包盖（正面）
背面相对，对折后机缝
0.2
0.8
3
3
32
1

包盖
肩带
提手
安肩带的位置
把包盖、肩带、提手疏缝
6.5
4
1
18

口字环耳布
缝合
0.5

侧面布
安侧口袋的位置
12.5

包体（正面）
机缝
0.2
机缝
侧口袋
侧面布

〈前口袋〉
1.2
1.8
折叠2次，机缝
0.2
1.5
前口袋
1
0.2
机缝
前口袋
四合扣
5
5
口袋口
折叠
12.5

〈侧口袋〉
折叠2次，机缝
0.2
1.8
1.5
1.2
剪开
剪开
折叠1cm
0.5
15
0.5

〈提手〉
1
1
2
机缝0.2cm

〈口字环耳布〉
4
穿口字环
0.2
0.8
机缝
2
2
8
4
剪去
把四周机缝
机缝，每1针都要回针缝

〈肩带〉
※肩带的制作方法参照p.51
4
1.5
折叠5cm
0.2
0.8
机缝
1
剪去

0.2
3
机缝
0.2
1.5
1.5

3 缝侧边
正面相对
侧面布（反面）
1
1
包体（反面）
1
1
缝合4个地方
用熨斗熨平缝份

4 制作里袋

口布B（反面）
①把口布A、B缝成环形
口布A（背面）
口布A（正面）
6机缝
0.2
折叠2.5cm
内口袋
②缝上内口袋
里袋（正面）
口布B（正面）
⑤把口布和里袋正面相对缝合
③缝合侧边
④缝侧片

5 把包体和里袋背面相对对齐，缝合

背面相对
里袋（正面）
①把包体和里袋的缝份折叠，机缝袋口
6
0.2
2
2
3
3
②安气眼
包体（正面）
3
5

6 制作束口绳
布边
0.2
1
折叠2次，机缝
0.2

完成图
固定环
束口绳穿过固定环后打结
40
23
13

7 制作束口绳的固定环
折叠1cm
0.2
0.4
1
3
（正面）
机缝
对折后缝合
（反面）
0.5
翻到正面
机缝
（正面）
0.4

8 安肩带
①穿日字扣
③穿过日字扣的轴后机缝
1
0.3
5
②穿口字环

75

p.32

17

迷你托特包

● **完成尺寸**
各约长16cm×高25.5cm×宽12cm

● **材料**
经过打蜡处理的10号帆布
　a 蓝色、**b** 灰色　各60cm×70cm
2cm宽人字带　**a** 暗灰色、**b** 灰粉色　各3.1m
直径0.6cm的铆钉　8组
自己喜欢的标签　1片

● **制作方法要点**
1 把提手A和提手B背面相对对齐后缝合，处理端口。
2 制作口袋。
3 给包体安上口袋。
4 缝合包体的侧边，处理端口，缝侧片。
5 处理袋口。
6 缝上提手，提手底端用铆钉固定。

〈 裁剪方法图 〉 *( ) 内的数字为缝份的尺寸，没有指定的
　就直接裁开

· 经过打蜡处理的10号帆布

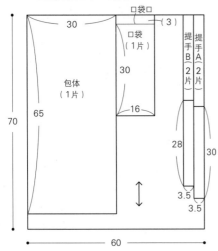

1 制作提手

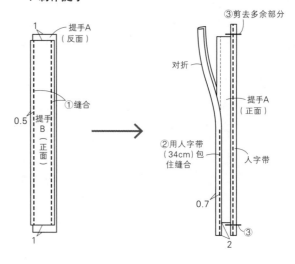

2 制作口袋

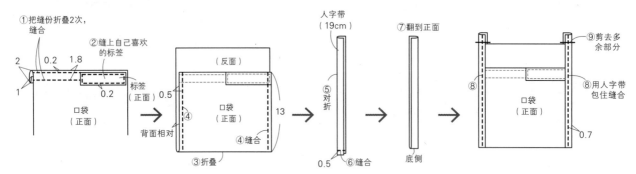

3 安上口袋

对齐中心　0.5
缝合
口袋（正面）
包体（反面）
（反面）后面
后面

4 制作包体

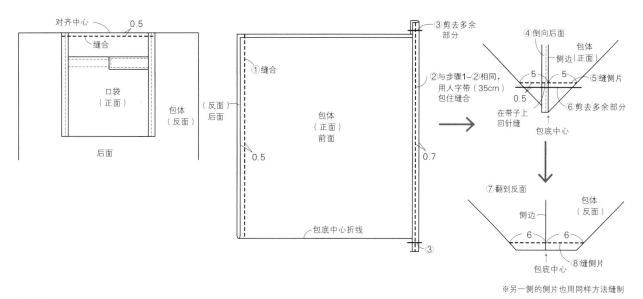

①缝合
③剪去多余部分
②与步骤1-2相同，用人字带（35cm）包住缝合
④倒向后面
包体（正面）
侧边（正面）
5　5
⑤缝侧片
0.5
在带子上回针缝
⑥剪去多余部分
包底中心
0.5
包体（正面）前面
包底中心折线
0.5
0.7
③
⑦翻到反面
侧边
包体（反面）
6　6
⑧缝侧片
包底中心
※另一侧的侧片也用同样方法缝制

5 缝合袋口

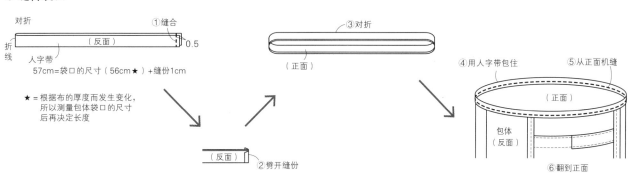

对折
折线
①缝合
（反面）
0.5
人字带
57cm=袋口的尺寸（56cm★）+缝份1cm
★ = 根据布的厚度而发生变化，所以测量包体袋口的尺寸后再决定长度
③对折
（正面）
（反面）②劈开缝份
④用人字带包住
⑤从正面机缝
（正面）
包体（反面）
⑥翻到正面

6 安上提手

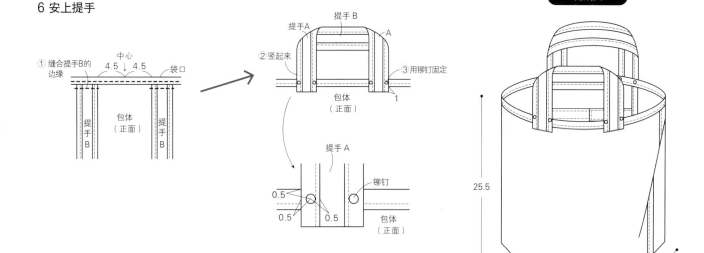

①缝合提手B的边缘
中心
4.5　↓　4.5
袋口
提手B
包体（正面）
提手B
提手A
提手B
A
②竖起来
③用铆钉固定
包体（正面）
1
提手A
0.5
0.5　0.5
铆钉
包体（正面）

完成图

25.5
16
12

18

波士顿包

p.34

● **完成尺寸**

约长28cm×高36cm×宽11cm，包口26cm

● **材料**

经过打蜡处理的79A帆布　黑色　110cm×130cm

2cm宽的人字带　2.7m

59cm的拉链（双拉头式）　1根

内径2cm的口字环　4个

直径0.6cm的铆钉　8组

自己喜欢的标签　1片

● **制作方法要点**

1 把提手A和提手B背面相对对齐后缝合。

2 制作耳布。

3 制作带子，穿上口字环，缝在包体上。

4 给里袋缝上内口袋。

5 在拉链挡布上缝上拉链，然后与侧片缝合。

6 把包体和里袋背面相对对齐后缝合。

7 把包体和侧片正面相对缝合，处理端口。

8 给提手穿上口字环，在底部用铆钉固定。

〈 裁 剪 方 法 图 〉 *（ ）内的数字为缝份的尺寸，没有指定的地方直接裁开，不加缝份
＊包体和里袋的弧线处要放上纸型，画出标记

· 经过打蜡处理的79A帆布　黑色

实物大纸型

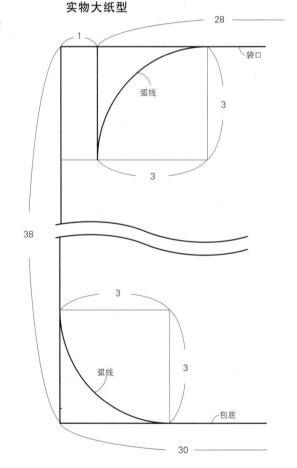

1 **制作提手**

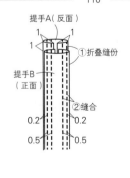

2 **制作耳布**

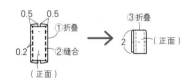

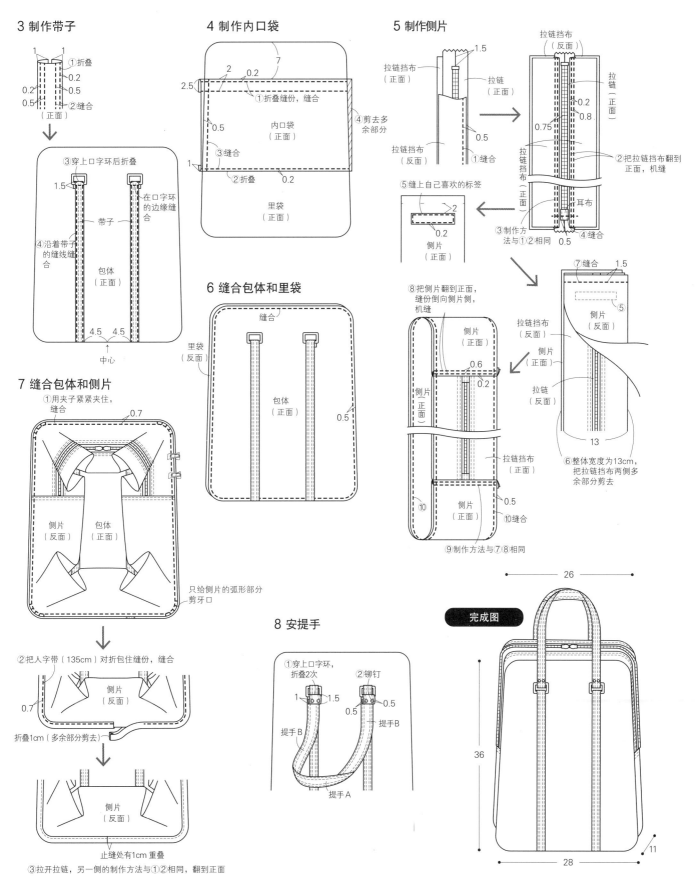

3 制作带子

①折叠
0.2
0.5
0.2
0.5
（正面）
②缝合

③穿上口字环后折叠
1.5
在口字环的边缘缝合
④沿着带子的缝线缝合
带子
包体（正面）
4.5　4.5
中心

4 制作内口袋

2
0.2
7
2.5
①折叠缝份，缝合
0.5
内口袋（正面）
④剪去多余部分
③缝合
1
②折叠　0.2
里袋（正面）

6 缝合包体和里袋

缝合
里袋（反面）
包体（正面）
0.5

7 缝合包体和侧片

①用夹子紧紧夹住，缝合
0.7
侧片（反面）
包体（正面）
只给侧片的弧形部分剪牙口

②把人字带（135cm）对折包住缝份，缝合
0.7
侧片（反面）
折叠1cm（多余部分剪去）

侧片（反面）
止缝处有1cm重叠
③拉开拉链，另一侧的制作方法与①②相同，翻到正面

5 制作侧片

1.5
拉链挡布（正面）
拉链挡布（反面）
拉链挡布（正面）
拉链挡布（反面）
①缝合
0.5

拉链挡布（反面）
拉链（正面）
0.2
0.8
0.75
拉链挡布（正面）
②把拉链挡布翻到正面，机缝
耳布
③制作方法与①②相同　0.5　④缝合

⑤缝上自己喜欢的标签
2
0.2
侧片（正面）

⑦缝合　1.5
拉链挡布（反面）
侧片（反面）
⑤
侧片（正面）
拉链（反面）
13
⑥整体宽度为13cm，把拉链挡布两侧多余部分剪去

⑧把侧片翻到正面，缝份倒向侧片侧，机缝
侧片（正面）
0.6
0.2
侧片（正面）
侧片（正面）
拉链挡布（正面）
0.5
侧片（正面）
⑩缝合
⑨制作方法与⑦⑧相同

8 安提手

①穿上口字环，折叠2次
1　1.5
②铆钉
0.5
0.5
提手B
提手B
提手A

完成图

26
36
11
28

MAINICHI MOCHITAI FANPU NO BAG（NV70583）

Copyright ©Noriko YOSHIMOTO/NIHON VOGUE-SHA 2020 All rights reserved.

Photographers：Ayako Hachisu

Original Japanese edition published in Japan by NIHON VOGUE Corp., Simplified Chinese translation rights arranged with BEIJING BAOKU INTERNATIONAL CULTURAL DEVELOPMENT Co., Ltd.

吉本典子

现居住在日本香川县。于 2003 年创建网站，以 "Feel happy"（感受美好）为目的，开始开展各项活动。材料主打帆布，以制作风格简洁、功能性强的包为目标。作品除了在网店上，还在县（相当于中国的省）内外举办的活动、策划展等当中销售。

备案号：豫著许可备字-2020-A-0193

图书在版编目（CIP）数据

40款造型经典的帆布包 /（日）吉本典子著；罗蓓译. —郑州：河南科学技术出版社，2024.2

ISBN 978-7-5725-1336-7

Ⅰ. ①4… Ⅱ. ①吉… ②罗… Ⅲ. ①布料-包袋-制作 Ⅳ. ①TS973.51

中国国家版本馆CIP数据核字（2023）第202625号

出版发行：河南科学技术出版社

地址：郑州市郑东新区祥盛街27号　　邮编：450016

电话：（0371）65737028　　65788613

网址：www.hnstp.cn

责任编辑：刘 欣 刘 瑞

责任校对：王晓红

封面设计：张 伟

责任印制：徐海东

印　　刷：河南新达彩印有限公司

经　　销：全国新华书店

开　　本：889 mm×1 194 mm　1/16　印张：5　字数：150千字

版　　次：2024年2月第1版　　2024年2月第1次印刷

定　　价：49.00元

如发现印、装质量问题，影响阅读，请与出版社联系并调换。